U0189867

谨以此书献给为祖国海洋事业

无声奉献的朋友和未来并肩的战友

中国海洋经济高质量发展之路

臧一哲　著

中国海洋大学出版社

·青岛·

图书在版编目(CIP)数据

中国海洋经济高质量发展之路 / 臧一哲著. —青岛：中国
海洋大学出版社，2020.8

ISBN 978-7-5670-2568-4

Ⅰ.①中… Ⅱ.①臧… Ⅲ.①海洋经济－经济发展－
研究－中国 Ⅳ.①P74

中国版本图书馆 CIP 数据核字(2020)第 167580 号

出版发行	中国海洋大学出版社		
社　　址	青岛市香港东路 23 号	邮政编码	266071
出 版 人	杨立敏		
网　　址	http://pub.ouc.edu.cn		
电子信箱	coupljz@126.com		
订购电话	0532－82032573(传真)		
责任编辑	李建筑	电　话	0532－85902505
印　　制	青岛国彩印刷股份有限公司		
版　　次	2021 年 4 月第 1 版		
印　　次	2021 年 4 月第 1 次印刷		
成品尺寸	170 mm×240 mm		
印　　张	12.5		
字　　数	218 千		
印　　数	1～1000		
定　　价	46.00 元		

发现印装质量问题，请致电 0532－58700168，由印刷厂负责调换。

目　录

下篇 海洋新产业发展的实践探索

上篇
海洋经济高质量
发展的理论认识

第1章 我国的海洋经济具备高质量发展的条件吗?

对于漫长的人类社会经济发展历史而言,海洋是人类文明的最新方向,是人类科学研究和人类未来生存发展的重要领域。海洋不仅蕴藏着丰富的物种资源和矿产资源,更是保障人类社会经济发展的重要动力,是解决新增就业压力与创新人类生产生活质量的必然选择。再者,人类社会经过漫长的发展,陆地资源和陆地经济形态已经成熟进而步入衰落阶段,未来几十年,随着地球人口的不断增长,世界粮食安全、气候变化、能源供给和康养娱乐需求都会面临全球性挑战,对海洋的探索与认知必不可少。

然而,人类在最初的海洋探索与认知中,沿用陆地资源开发经验,缺乏海洋特性战略发展设计和有序开发计划,造成了海洋资源的过度开发、水体污染、海岸带生物多样性破坏和气候变化等问题。因此,我们在追求国民经济全面高质量发展的当下,更要制定科学的海洋经济高质量发展战略,指导未来海洋经济发展走一条高效率、低消耗、绿色可循环的道路。

联合国在 2001 年提出"21 世纪是海洋世纪"之后,全球经济发展的目光都向海洋聚焦,海洋经济地位不断上升,成为诸多海洋国家的重要发展选择,并成为未来国家竞争力比拼的重要领域。当前阶段的突出状况是,海洋空间控制争夺日益激烈、海洋资源开发逐步深入、海洋经济利益最大化竞争激烈。各海洋国家争先将国家战略目标向海洋经济转移,以从海洋获取更多的经济资源,海洋能源开发与利用、海洋食品药品制造、海上通道建设等已经成为各海洋国家谋求发展的新趋势。具体体现在:深海矿产资源的开发进入市场化阶段,各发达海洋国家积极寻求深海能源;海洋食品技术发展迅速,已经由最初的渔业捕捞和养殖进入更深层次、更高技术含量的阶段;海上通道建设逐渐成为新阶段基础设施建设重要特征;海洋新能源的开发利用日渐成熟,科研技术和成果应用发展迅速。

对于自然界来说,当人类把目光聚焦在哪里,哪里就会面临生态破坏与资源无序开发等问题。几十亿人的需求对一个仅靠自然循环来维护的生态系统来说实在是太庞大了。人类人口增长、经济向广度和深度发展、贸易扩张和技术进步,为人类社会的发展创造了空前的繁荣,对海洋的探索需求也出现了空前的增长。人类活动对海洋环境的影响已经严重制约了海洋经济发展,人类活动引发的碳排放不断增加,大量碳被海洋吸收,造成海洋酸化。同时,全球温度升高、海平面上升和洋流变化等问题,都导致了生物多样性和生物栖息地的减少,恶劣海洋天气频发。陆源污染,尤其是人类活动造成的农业地表污染、有害化学物质、随江河入海的塑料颗粒、过度捕捞、鱼类资源匮乏等问题,都进一步影响了海洋经济的发展。

我们把视野范围缩小,从海洋相关产业对经济产出和就业的贡献方面看,世界海洋经济发展意义重大。根据经济合作与发展组织的海洋经济数据库进行初步计算,2010 年的世界海洋经济总产值达到 1.5 万亿美元,约占全球经济总增加值的 2.5%。海洋相关行业的总增加值计算中,海上石油和天然气占1/3,其次是海洋和滨海旅游产业、海洋设备制造和港口。

未来,无论是从经济增加值还是就业岗位的提供来看,海洋相关产业都有超过全球整体经济增速的潜力。到 2030 年,在保持现有发展水平的条件下,海洋经济对全球增加值的贡献额可能会翻一番,超过 3 万亿美元。其中,海洋水产养殖、海上风能、水产品加工、船舶制造产业将呈现强劲的增长。海洋产业未来整体可提供大约 4000 万个视同全职的工作岗位。

未来 10 年,科学技术的进步将能够解决一部分海洋相关环境问题,并进一步发展海洋经济。先进材料研发、海堤工程技术、传感及成像、卫星遥感、计算机化机大数据分析、系统自动化、生物技术及纳米技术的创新技术进步,将对海洋经济发展的各个领域产生不同程度的影响。

1.1 宏观层面具备海洋经济高质量发展条件

我们先从国家战略发展方面来考虑海洋经济高质量发展的软、硬件素质。2018 年,在以习近平同志为核心的党中央的坚强领导下,全国各省、区市、部门坚持稳中求进工作原则,坚持以推进供给侧结构性改革为主线,加强预期引导,我国经济增速逐步回升,增速与就业、物价、效益等指标更趋匹配,结构发生积极转变,增长动力稳步转换,中高增长平台基本确立,为推动全国经济高质量发展创造了有利条件。展望世界经济,有望延续普遍积极的趋势,但北美美元区和欧洲欧元区等的货币政策加快正常化、投资和贸易保护加剧、地缘政治动荡仍可引发新的经济风险。

我国宏观经济形势稳定,国民经济已经转向高质量发展。根据中国宏观经济系统模型预测,未来几年我国经济将保持平稳较快发展。从定性因素上分析,经济平稳较快发展的原因主要有三个方面:第一,我国经济已由高速增长阶段转向高质量发展阶段,同时也进入了微幅波动阶段。随着我国经济规模和GDP 基数大幅提高,宏观经济对外部冲击的敏感性有所减弱。我国政府对经济调控的手段逐渐成熟,宏观把控能力日臻完善。因此,2020 年 GDP 仍将保持平稳发展。第二,经测算由于疫情导致,2020 年中国潜在经济增长率微幅下滑,因此,若国家不出台强有力的刺激政策,那么我国经济实际增速将在其潜在增长轨迹上运行。第三,美国、欧元区以及日本采取降息、扩表等措施,总体有利于我国外部需求的增加,从而带动我国出口增长。具体来看,有以下六点发展特征。

一是主要经济增长从投资驱动为主转向消费驱动为主。2017 年固定资产投资增长 7.2%,投资实际增速低于 GDP 增速,投资对经济增长的贡献为32.1%;2018 年固定资产投资增长 5.9%,投资对经济增长的贡献为 32.4%;2019 年固定资产投资增长 5.4%,投资对经济增长的贡献上涨至 57.8%,投资驱动经济有所增长。2019 年,社会消费品零售总额 411649 亿元,比上年名义增长8.0%(扣除价格因素实际增长 6.0%,以下除特殊说明外均为名义增长)。其中,除汽车以外的消费品零售额 372260 亿元,增长 9.0%。[①]

我们通过对比这一转折性变化,发现这是在经济增速总体平稳和全要素生产率增速回升的情况下实现的,说明经济从投资驱动转向消费驱动,投资边际回报有望改善,增长的内在稳定性不断提高。

二是劳动供求由数量矛盾转向质量矛盾。我国每年城镇新增就业人数均在 1300 万左右,GDP 每增长一个百分点,对应新增就业人数在 180 万左右。统计局公布数据显示,2019 年全年城镇新增就业 1352 万人,连续 7 年保持在1300 万人以上,明显高于 1100 万人的预期目标,完成全年目标的 122.9%。城镇登记失业率和调查失业率均创新低,表明经济增长对就业的吸纳力增强,总量层面的就业压力并不明显。但问题是,劳动力市场分割、就业环境不佳、就业

---

① 数据来源:国家统计局。

相关的公共服务不完善等质量短板,与创新驱动、产业升级不相适应的问题更为突出,说明随着发展阶段不断提升,新旧动能转换不断加快,经济运行对要素的质量提出了更高要求,对高素质人力资本的需要不断增强,劳动力供求的数量矛盾已经转化为质量矛盾。

三是企业经营逐步从速度效益型转向质量效益型。我国企业经营具有明显的速度效益型特点,经济增速升,企业效益好,经济增速降企业效益差,供给侧结构型改革效应不断释放,市场自发调整出清过程,加快企业成本控制,新产品服务开发能力增强,行业的集中度明显提升。传统与新兴产业的融合发展也不断深入,企业利润显著改善,市场主体对经济增速下行的适应性逐步增强。在相对低速的增长环境下,企业赢利出现明显改善,表明经济增长的微观活力不断增强。

四是经济风险压力趋于降低并得到逐步释放。过去几年通过去杠杆、规范举债行为和严格金融监管等措施,金融体系内部资金空转的现象得到一定程度的遏制,非金融企业的资产负债率持续下降,宏观杠杆率上升幅度明显放缓,资金脱实向虚问题有所缓解,风险快速积累态势得到初步遏制。非金融企业杠杆率在这一系列的调整保障后,呈现一定下降,创下 1980 年以来新低,实体经济与金融失衡程度有所减轻,特别值得注意的是加大防范化解重大风险力度的同时,经济运行在宏观和微观层面都表现出了积极的迹象,经济增长的韧性不断增强。

五是市场预期和企业家信心已逐步走出上次次贷危机带来的阴影。民间投资、制造业投资增长能否平稳,是判断经济中高增长是否可持续的一个关键指标。随着企业赢利好转,产能利用率提升,传统领域供求关系改善,再加上新经济部门快速发展,市场预期和企业增扩,产能的信心有所恢复,市场化程度高的民间投资和制造业投资增长由持续下降,逐步转稳。与此同时,环境保护与治理的决心之坚决前所未有,环境治理力度大,治理效果显著,环保门槛提高,环保执法趋严进一步巩固了绿色转型的预期,在新的约束条件下。行业优胜劣汰,转型升级步伐正在不断加快,经济增长的质量和内涵不断优化。

六是世界经济从次贷危机后的局部复苏转向普遍复苏。2008 年以后世界经济和贸易持续低迷,复苏乏力,但从 2016 年下半年开始,主要经济体共同复苏力度和广度均超预期,国际货币基金组织三次上调对全球增长的预期,OECD监测的 45 个经济体全部实现正增长,GDP 排名前 50 的经济体有 32 个,世界经济复苏范围的扩展,为我国增长阶段转换创造了有利的外部条件。2014 年以来我国在发达经济体的市场份额不断上升，随着"一带一路"倡议的不断落地实践，沿线国家的贸易出口也保持较快增长，经济增长新空间不断拓展。

需要特别说明的是，2019 年底出现的新型冠状病毒引发的非典型肺炎（以下简称新冠肺炎）造成全球范围内经济下滑，由于病毒引起的传染风险导致企业复产复工困难、部分国家和地区国际贸易停滞、小微企业生存艰难等问题，造成 2020 年第一季度和第二季度经济指标全线走低。在这段时期内，人们考虑到病毒的反复性和传染性，国际国内消费出现新的发展特点，消费信心趋向保守。但是，这相比于长期的经济发展，只是一个阶段性、标志性、特殊性事件，国际国内总体经济发展趋势不会改变。

总体来说，中国作为亚洲新兴经济体的代表国家，经济增长的稳定性、韧性、活力都已经得到世界范围内的认可，国际市场原有秩序也随着中国的崛起而被刷新。中国经济发展的可持续性不断提升，增长的内涵不断优化，增长空间不断拓展，促进经济高质量发展的有利条件不断增多，在经济下行压力不大的同时，我们更有条件将工作的重心转向防范风险，推动改革和提升发展质量。

从国际市场来看，经济运行呈现多稳局面。全球范围内，广泛经济增长态势有望延续，尤其是实体回暖、进入条件适宜、预期转好等多重因素叠加，新兴市场国家复苏步伐可能加快，世界经济景气上行，将持续带动我国外需稳步增长，并将为国内防范化解重大风险和推进关键领域改革提供难得的时间窗口。国内方面投资下行幅度逐步放缓，消费增速大体稳定，库存投资进入下行周期，经济运行总体呈现中高增长平台附近小幅回落的态势，综合来看，就业稳、物价稳、效益稳的多稳局面得到延续。

主要经济体增长预期持续改善。受特朗普税改短期刺激效应，欧元区和部分新兴经济体经济状况逐步改善，预计新冠疫情结束后，全球经济增长仍保持升温，中国及亚洲新兴经济体将迎来新的增长机会。2018 参加达沃斯论坛的 1300 位 CEO 中，认为今后 12 个月经济增长会改善的受访者比例达到 57%，为 2012 年以来新高。美国经济预期增长平稳。尽管对于特朗普税改中期影响的评估各方存在一定争议，但短期而言税改对美国经济的提振及其外溢效应比较显著。受益于个税调整和公司税下调，美国经济规模与不实施税改将比 2020 年预计将提升 1.2%，但这一目标并未成功实现，原因在于 2020 年突发的新冠疫情造成的经济停滞。2018 年国际货币基金组织再次上调对全球经济的预期，其中预期向上修正部分的一半贡献来自税收刺激，与此同时，欧元区国家特别是外围国家政治风险下降，财政状况逐步好转，欧元区稳步的复苏步伐有望延续。受出口带动和宽松货币政策刺激,日本企业投资信心恢复。

全球经济的复苏很大程度上受益于消费信心的恢复和库存增加,当前投资信心的逐步恢复将进一步带动全球经济稳定增长,投资品贸易活跃。2019 年,经济危机过后的投资热慢慢降温。主要发达经济体除日本外,其他经济体均出现投资增速明显回落。美国 GDP 增长率从 2.9% 回落至 2.4%,欧元区 GDP 增长率从 1.9% 回落至 1.2%。日本经济仍处于低迷阶段,2019 年的 GDP 增长率仅为 0.9%。世界银行降低了美国、欧元区和中国的经济增长预期。2019 年美国经济增长率从 6 月份的 2.5% 降至 2.3%,预计 2020 年增长将放缓至 1.6%(此前为 1.7%),而 2021 年为 1.5%(6 月为 1.6%)。欧元区经济增长率在 2019 年为 1.1%(6 月为 1.2%),预计 2020 年为 1.1%(之前为 1.4%),2021 年为 1.2%(之前为 1.3%)。关于中国经济,2019 年中国经济增长 6.1%(比 6 月份预测低 0.1 个百分点),2020 年放缓至 6%(之前为 6.1%),2021 年为 5.8%(之前为 6%)。

新兴经济体增长有望接棒发展中国家。从不同经济体增长的周期轮动看,2013 年以来以美国为代表的发达国家复苏势头更为明显,发达经济体消费信心恢复明显,制造业较为活跃,前期大宗商品价格下大幅下调美元快速升值,新兴经济体表现相对较弱。随着大宗商品价格改善,新兴经济体国际收支和财政状况逐步改善,资本持续净流入新兴市场,泰铢、越南盾、印度卢比、卢布等货币纷纷升值,印度、东盟等工业化城镇化空间较大的新兴经济体,增长呈现加速势头。2017 年全球投资和贸易稳步改善,适宜的金融条件叠加,企业资产负债表的持续修复和大宗商品价格震荡回升,企业资本支出信心有所增强。

1.2 市场发展程度具备实现海洋经济高质量发展基础

从我国目前的市场投资情况来看,总体投资效率下行速度放缓,经济有望延续多稳的局面,经济运行呈现内需增速、小幅回调、外部需求走稳、价格温和上涨的特点,如果扣除存货波动,2019 年我国总需求增长与 2018 年大体相当。2020 年由于新冠疫情导致经济发展停滞,但是到 2020 年第三季度结束,中国经济增长已大幅回升,经济增速也保持在 6%。

投资下行速度放缓。基础设施在增量上对投资总量的贡献接近 60%,接近亚洲金融危机期间的水平,考虑到投资结构和投资回报的合理性等因素,这种情况可能难以持续。同时，规范地方政府举债，也可能影响部分项目的资金来源，进而拉低投资增速。受限购、限价、限售、限贷影响，商品房销售可能出现负增长，并因此拖累房地产投资。不过由于近期土地购置活跃，房地产去库存化相对充分，以及租赁房建设提上日程，房地产整体投资增速可能高于商品房销售增速。此外，随着资产负债表的修复和产能利用率的回升，制造业投资信心逐步恢复。

高质量发展是一场长期持续的发展，把握好长期工作和当前工作的关系十分重要。推动高质量发展，既要防风险、补短板也要强基础、蓄后发，要抓住当前经济增速中高增长平台基本确立、经济运行呈现更多质量特征这一难得的时间窗口，增强实体与金融、投入与产出、政府与市场、公平与效率、国际与国内五对发展理念，着力推动并实现高质量供给需求配置、投入产出、收入分配和经济循环。

实现高质量供给，保障生产生活稳定。我国拥有全球门类最齐全的产业体系和配套网络，其中 220 多种工业品产量居世界第一，但许多产品仍处于价值链的中低端部分，关键技术环节仍然受制于人，推动高质量的供给就是要提高商品和服务的供给质量，更好地满足日益提升、日益丰富的消费需求，跟上居民消费升级步伐。

实现高质量需求，拉动内需更新换代。我国已形成最大规模的中等收入人群，城市化水平不断提升，内需市场十分广阔，但是就业质量不高，居民收入水平偏低，公共服务供给不足，养老医疗教育等给居民带来的负担还比较重，人民群众缺乏稳定预期，消费能力和意愿受到明显抑制。促进高质量的需求必须解决这些问题，释放被压制的需求，进而带动供给端升级，促进供需在更高水平实现平衡。

实现高质量配置，提高资源优化水平。我国过去的高增长很大程度上得益于资源在城乡行业区域之间的重新配置，当前我国产能过剩问题仍旧突出，部分僵尸企业死不了、退不出，大量资源和要素被锁定在低效率部门。同时，部分基础领域和服务领域的开放度不够，民间资金进入受限。实现高质量的配置，就是要充分发挥市场配置资源的决定性作用，完善产权制度，理顺价格机制，减少配置扭曲，打破资源由低效部门向高效部门配置的障碍，提高资源配置效率。

实现高质量投入产出，推动经济绿色可持续发展。用有限的资源创造更多的财富，实现成本最小化、产出最大化，是经济学的基本问题，也是衡量发展质量高低的重要标准。实现高质量投入产出就是要更加注重内涵式发展，扭转实体经济投资回报率逐年下降的态势,在人口红利逐步消退的同时,进一步发挥人力资本红利,提高劳动生产率,提高土地矿产能源资源的集约利用程度,增强发展的可持续性,最终实现全要素生产率的提升,推动经济从规模扩张向质量提升转变。

实现高质量收入分配,优化现阶段经济结构。收入分配既是经济运行的结果,也是经济发展动力。收入分配的质量好坏,直接反映经济结构的优劣。实现高质量的分配就是要推动合理的初次分配和公平的再分配,初次分配环节要逐步解决土地、资金等要素定价不合理的问题,促进各种要素按照市场价值参与分配,促进居民收入持续增长,再分配环节要发挥好税收的调节作用、精准脱贫等措施的兜底作用,注意调节存量财富差距过大的问题,形成高收入有调节、中等收入有提升、低收入有保障的局面,提高社会流动性,避免形成阶层固化。

实现高质量经济循环,平衡实体经济和虚拟经济关系。经济循环是生产流通分配与消费、虚拟与实体、国内和国外互动与周转的总过程,提高循环质量是实现生产要素高效配置的途径。中医说,痛则不通,通则不痛,把循环搞好了,经济发展就是具有可持续性。近年我国经济出现了三大失衡,供给和需求失衡,金融和实体经济失衡,房地产和实体经济失衡,根本上说都是经济循环不畅的外在表现。促进高质量的循环,就是要畅通供需匹配的渠道,畅通金融服务实体经济的渠道,落实房子是用来住的,不是用来炒的,逐步缓解经济运行当中存在的突出问题,确保经济平稳可持续运行。

根据世界银行与国务院发展研究中心的合作研究,"二战"以后的100多个中等收入经济体中,有13个成功迈入高收入行列,这13个经济体有一个共性特点,就是都实现了由量到质的转型。我国当前处在中高收入向高收入迈进的关键期,处在转变发展方式、优化经济结构、转换增长动力三大攻关期,必须针对高质量发展目标和面临的突出风险挑战,继续坚持稳中求进工作总基调,坚持新发展理念,紧扣我国社会主要矛盾变化,坚持以供给侧改革为主线,坚持积极财政政策和稳健中性的货币政策,加大财政、金融、国企、土地等重要领域改革力度,扎实推进质量变革,效率变革和动力变革,促进经济健康平稳发展。

1.3 实现高质量发展的总体思路

实现高质量发展,本质要求就是适应发展环境和条件的变化,在把握新阶段经济社会发展主要特征的基础上，制定和实施科学的战略和政策。及时有效的改革，以新的体制机制保证经济以新的方式，较长时期内在中高速的平台上平稳持续的运行。因此，实现高质量发展的基本思路应当是：以五大发展理念为指导，把提高发展质量作为核心任务，把建立新的发展方式作为基本支撑，把建立新的体制机制作为根本保证，既要有战略定力又要有紧迫感，坚持总体布局与分领域推进相结合，长远安排与分阶段实施相结合，机制建设与政策调整相结合，经过 3～5 年的努力，使经济在中高速的平台上能够平稳持续地运行较长一段时期，不断增强应对未来发展新挑战的基础和能力。

五大发展理念，是我们党对我国发展规律的新认识，是"十三五"乃至更长时期我国发展思路、发展方向、发展着力点的集中体现。实现高质量发展，必须牢固树立并切实贯彻创新、协调、绿色、开放、共享的理念。具体要求是以五大理念明确新阶段发展的总方向，构建发展的具体内容。以五大理念设计新阶段发展的基本路径，推动实践发展的新要求。以五大理念检验发展的绩效，评判发展的新的进展。把提高发展质量作为高质量发展的核心任务。高质量发展的任务很多，包括保持经济适度增长，建立更合理的投资消费和出口之间的关系，形成更合理的收入分配关系，改善生态环境状况等等，其中最重要的也是具有综合性质的任务，是提高发展质量。从狭义和抽象利益上看，提高发展质量就是提高投入产出率，以较少的自然资源物质和人力资本的投入，实现更大规模的产出。从广义和具体意义上看，提高发展质量就是提高产品和服务的品质和增加值，提升我国在全球产业价值链中的地位，以及形成更合理的经济结构关系。

把建立新的发展方式作为引领新常态的基本支撑。发展方式从供给侧看是何种要素及要素的何种组合方式推动发展的问题，从需求侧看是何种力量及力量的何种组合方式拉动经济增长的问题。发展方式所影响的不仅是投入产出关系，还有各方面的经济结构关系，可以说有什么样的发展方式就有什么样的发展绩效，因此高质量发展必须把建立新的发展方式作为基本支撑。简言之，建立新的发展方式从供给侧看就是要以技术引进为主，过渡到以自主创新为主，以物质和劳动力要素投入为主，过渡到以创新投入为主；从需求侧看就是要依靠投资和国外需求拉动为主，转变为更多依靠消费需求，特别是中高端消费需求拉动为主。

把建立新的体制机制作为高质量发展的根本保障。实现高质量发展，需要实施有力的政策，更需要建立长效的体制机制。在实现高质量发展的过程中，有时不得不依靠短期政策以解燃眉之急，但是不应该形成对这些政策的依赖，而应该把建立新体制机制放在优先的位置上，要通过深化改革建立新的体制机制，破解金融、财政、房地产等领域风险，进一步提高资源配置效率，促进社会公平，改善生态环境，确保经济社会发展走上持续健康的发展轨道。

坚持总体布局与分领域推进相结合。高质量发展事关全局，形成新的发展方式和发展格局，需要广领域多因素的支持，必须做好顶层设计，从整体上系统安排工作部署，制定出有明确方向目标步骤的切实可行路线图。各项政策措施方向要一致，形成合力，避免作用相互冲突、效果相互抵消。与此同时在总体布局之下，要根据重要性、紧迫性、实施环境和条件准备等情况，制定出各领域工作推进的时间表，每一个领域都必须有计划、有重点、有效地推进。同时还要注重各领域工作的相互配合，善于打政策组合拳，使各领域工作在相互支撑中有效推进。

坚持机制建设与政策调整相结合。实现高质量发展，机制建设是根本，但政策调整也不可或缺，政策调整既对经济的短期运行有显著影响，也对经济的长期发展有重要影响，因此在实现高质量发展的过程中，要运用好政策这一调整工具。一方面要不断适时调整财政货币等政策，以应对变化多端的内外部形势，熨平经济的周期性波动，为构建新的发展方式和发展格局，创造稳定的宏观环境；另一方面，要优化产业空间规划、收入分配等政策，促进形成新的发展方式和发展格局。当然这些政策的调整不应以持续改革为代价，而应有助于深化改革，有助于建立新的体制机制。两者相辅相成，改革也因为政策调整能够发挥正确而有力的支持作用，创造条件和可能。

经济高质量发展具有丰富的内涵，尤其是在经济增长，就业创造国际贸易的平衡性能方面。但无论是现在还是将来，经济增速仍然是综合反映国民经济全局的关键性指标，理想的经济运行新常态必然有一定的增长速度，同时也要看到作为一个后发追赶型国家，在相当的时期内，我国还必须使经济以较快的速度增长，要通过改革建立健全体制机制，充分释放增长潜力，经过一段时期的努力，使经济在中高速平台上能够平稳持续地运行较长一段时期。

第2章　海洋经济的基本认识

一种新的经济形态出现时,会有众多的学者专家为其定义,百家争艳,诸子纷纭。而知识的获取者面对众多说法,往往感到迷惑。所以,在确定海洋经济到底是什么类型之前,不妨先观察海洋经济已经发展了什么产业,未来还会兴起什么产业和活动。

广义来看,目前已经建立和形成的海洋产业和活动包括海洋运输、造船和海洋设备、渔业捕捞和水产养殖、近海和滨海旅游、常规海上油气勘探、港口基础设施和装卸等类型。而正在兴起、可以预见未来将会长足发展的产业和活动有海洋新能源(海上风能、潮汐能和波浪能、生物能等)、深海或其他海洋极端位置油气勘探开采、海底采掘、海洋生物技术、海洋动态监测等,还有一些正处于起步阶段产业发展尚未成熟的例子,如碳捕集与封存(CCS)和海域保护区的管理。这些新兴海洋产业和活动的共有特点是,尖端科学技术是其发展进步的关键。

海洋既有产业和新兴产业之间并没有硬性区别。实际上,也确实存在某种程度的产业重叠,尤其是在已建立的海洋产业的各个部分明显显示出快速增长和相当大的创新速度的迹象的地方。例如,运输和港口活动正日益向高度复杂的自动化水平发展。沿海水产养殖在某些国家已经很成熟,但在工业规模上,它已成为一项高度科学和技术密集的活动,并希望进一步扩大近海活动;海洋监测和监视得益于卫星技术,跟踪和成像技术的巨大进步;邮轮业正将注意力转向北极和南极等新目的地。尽管如此,通过划分成熟行业和新兴行业仍为本书提供了务实且易于管理的方法。

在未来的几十年中,传统海洋经济部门将会不断发展变化。传统海运业的格局将发生重大变化,部分原因是全球经济增长和需求增长。例如,在航运部门,集装箱运输量从经济需求和行业发展来看将继续快速增长,预计到2035年,集装箱运输量可能会增加两倍(OECD,2015)。目前,尽管海洋经济总产量的主要驱动力仍是水产养殖,但预计未来5年全球渔业产量将增长1/5左右

（经合组织和粮农组织，2015）。即使近年来海洋产业中其他部门不断发展，但捕捞渔业仍是重要海洋产业部门，但在缺乏严格的管理计划以将种群数量恢复到生物学上可持续的生产力水平的情况下，野生鱼类捕捞量几乎没有扩大的空间。在旅游业中，人口老龄化、收入增加和相对较低的运输成本将使沿海和海洋地区更具吸引力。同时，温度、海洋酸度和海平面的变化会影响鱼类种群的移动，从而开辟新的贸易路线，影响港口结构并创造新的旅游胜地和景点，气候变化也将影响传统海洋产业的发展，加快其生命周期发展。

新兴的海洋产业为解决人类未来发展面临的许多重大经济瓶颈、社会和环境挑战提供了广阔的机遇。新兴的海洋产业利用一系列科研成果和技术创新为人类安全、可持续地开发海洋资源提供了可能，为保证海洋水体清洁、海洋资源丰富性提供了保障。人类海洋活动的发展阶段具有很大差异：一些活动相对较先进，而其他活动仍处于起步阶段。为了使海洋新产业的研发和市场化能够大规模投入使用，能够以有意义的方式为全球繁荣、人类发展、自然资源管理和绿色增长作出贡献，将需要大量的研发投入、资本投入和连贯的政策支持。因此，需要多方面、多层次地对这些海洋经济发展问题进行调整和观察，以期能够实现海洋经济可持续发展的美好未来。

2.1 海洋经济用语规范与定义

海洋经济活动的运行管理具有一个特定的物理环境——流动的水体、海水浮力和覆盖地球表面 71% 的三维立体环境。陆地与海洋之间的明显差异对人类在这两种不同环境中的管理经济活动和生产生活具有重要意义。尽管人类认识到海洋与陆地的巨大差异，但是海洋经济规划和海洋经济管理活动的许多概念和技术经验基本上来自人类在陆地实践中的经验积累。

世界范围内对海洋经济的概念界定有所不同。常见的海洋制造业、海洋经济、海洋工业、海洋活动、海洋部门等定义也不同。在国际海洋事务的使用选词中也有所体现，爱尔兰和美国等更喜欢使用"ocean"，澳大利亚、新西兰、英国、法国和加拿大则更倾向于使用"marine"，而欧盟、挪威和西班牙则经常使用"maritime"。OECD 在海洋经济用词的使用规范上，则通过区分使用领域来指定用词。Maritime 在中文中翻译成海事，指与海洋有联系，特别是在航海、商贸往来或者军事活动方面；marine 则是指已有事物是在海洋中发现或产生的，如海洋植物、海洋动物。尽管海洋制造业或海洋产业能够体现基于市场端的私营或公共部门的生产活动,但是经济一词的使用更能贴合人类在探索海洋过程中基于市场和非市场的商品或服务的概念。

对海洋经济的定义则更难在短时间内得到一个国际公认的定义。2012 年,欧洲委员会认为"海洋经济包括与海洋有关的所有部门和跨部门经济活动。这包括这些经济部门运作所需的最直接和间接的支持活动,这些活动可以位于任何地方,包括内陆国家"。Park(2014)在对现有的世界范围内对海洋经济的不同定义和看法进行元研究之后,提出了类似的定义:"海洋经济是指发生在海洋中,从海洋中获取产出并向海洋提供货物和服务。换句话说,海洋经济可以定义为直接或间接在海洋中发生,利用海洋的产出并将商品和服务纳入海洋活动的经济活动。"但是,OECD 在对海洋经济活动进行对比观察之后认为,对海洋经济的任何定义都是不完整的,除非它还包括不可量化的自然资源以及非市场商品和服务。也就是说,海洋经济可以定义为海洋产业的经济活动与海洋生态系统的资产、商品和服务的总和。

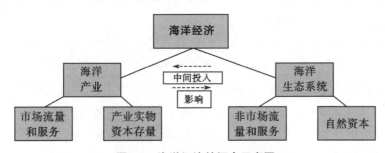

图 2.1　海洋经济的概念示意图

图 2.1 总结了这个概念,海洋产业可分为市场流量和服务以及这些产业的实物资本存量。海洋生态系统代表自然资本以及非市场流量和服务。在许多情况下,海洋生态系统为海洋产业提供了中间投入。以珊瑚礁为例。它们为鱼类苗圃和独特的遗传资源提供了庇护所和栖息地,同时为海上旅游业提供了娱乐价值。相反,海洋制造业会影响海洋生态系统的健康,如船舶废弃物或溢油污染。但是,将生态系统资产和服务的价值严格纳入定量评估(即生态核算)是一个新的研究领域,直到最近几年才开始引起人们更大的兴趣。

我国对海洋经济的定义为,包括为开发海洋资源和依赖海洋空间而进行的生产活动,以及直接或间接开发海洋资源及空间的相关产业活动,由这样一些产业活动形成的经济集合均被视为现代海洋经济范畴。主要包括海洋渔业、海洋交通运输业、海洋船舶工业、海盐业、海洋油气业、滨海旅游业。2003 年 5 月，国务院发布的《全国海洋经济发展规划纲要》给出定义：海洋经济是开发利用海洋的各类产业及相关经济活动的总和。

2.1.1 海洋经济内部产业集群关联密切

海洋工业制造并不是独立于制造业之外的，当然也不会因为制造业的属性而脱离海洋制造业特有属性。恰恰相反，海洋制造业与上、下游产业关联密切，与其他生产活动也相互影响。如将海洋工业制造和海洋资源开发等经济活动认定为独立的经济生产单元或者独立的经济活动，这种发展思路和可持续管理活动就难以长久、完整、高效地实现，因为对于海洋经济、海洋产业的发展都是多产业融合、多领域协作发展。

人类活动的发展历史证明，经济不是一个单独的个体成长，真正的经济是生产活动关联密切的经济活动集群所创造出来的，而不是零散的单个部门。庞大的经济体系或者产业集群能获得更多的资源和更多的关注，在长远的战略发展上也会得到更准确、更有效的策略支持。

比如，人类发展到 20 世纪下半叶，信息通信技术（ICT）诞生并迅速发展，如今，"信息经济"已经成为人类社会经济活动不可缺少的重要组成部分。信息通信技术不断更新迭代传统制造业和服务业的发展框架，以物流运输业为例，世界上大多数国家政府在信息通信技术出现后都为物流运输系统的构建和发展制订了单独的计划——涵盖铁路、公路、航运、水运、能源运输、ICT 网络、淡水供应与处理等，这一切看似独立的系统和网络交织成密不可分的生产生活保障体系——集成了"基础设施"的概念。如今，空间服务行业高度复杂且不断全球化的价值链已经形成了新的经济单元，即"空间经济"，包括发射器、卫星制造和管理运营等，空间经济服务涵盖日常生活中的各个环节，例如，农业、物流运输、气象观测和全球通信等（OECD，2011）。同样，由产业集群形成的在全球范围内影响深远的还有"生物经济"，其集合康养保健、医药服务、农业、食品、工业制造等多个在传统经济部门中本不会有所交集的单元。如今，生物经济已经成为全球 30 多个国家的重要战略发展目标（德国生物经济观理事会，2015）。

2.1.2 海洋生态系统

除了市场流量和服务以及海洋产业的实物资本存量外，海洋经济还包括海洋生态系统。海洋生态系统包括海洋、盐沼和潮间带、河口和潟湖、红树林和珊瑚礁,包括深海在内的水域和海床(Kaiser 和 Roumasset,2002),所有这些都提供了与海洋相关的中间联系与基础支撑。

社会、经济和环境的相互作用通过其动力学和更广泛的生物地球化学循环对海洋生态系统产生重要影响。这是因为生态系统服务彼此依赖,并且表现出复杂的相互作用,从而在一种生态系统服务的交付与其他生态系统服务的交付之间产生了取舍。对于海洋经济而言,这很重要,因为这些相互作用间接确定了海洋产业的生存能力。举例来说:沿海径流和富营养化,通过增加温室气体(GHG)排放引起的酸化以及由于污染引起的水质差导致鱼类迁移方式的变化,甚至导致鱼类种群的灭绝。所有这些都是人类活动间接干预海洋生态系统功能,从而破坏海洋经济的生存能力的例子。

衡量海洋生态系统的价值是一项艰巨而复杂的工作,但近年来,该领域的研究工作出现了可观的势头。对海洋生态系统服务的惠益规模的估计表明,这些惠益相当大(有关这类研究的综述,请参见附件 1),但仍有许多工作要做。因此,如上所述,尽管此处考虑了生态系统服务的许多方面,但我们的探讨定量重点是海洋产业。

附件 1　衡量海洋生态系统的经济价值

对海洋生态系统服务效益规模的估计表明,数量十分可观。De Groot 提供了许多生态系统和服务的全球估计,包括开放海洋、珊瑚礁、沿海系统以及沿海和内陆湿地的生态系统和服务。他们发现,生态系统服务的总价值介于 490 美元/年(可能由平均公顷的开阔海洋提供的全部生态系统服务)到将近 35 万美元/年(由美国政府提供的潜在服务)之间。甚至包括珊瑚在内的单个自然资本资产的全球价值也估计接近 7974 亿美元(Cesar,Burke 和 Pet-Soede 等)。在某些旅游目的地,珊瑚礁的价值每公顷每年可能高达 100 万美元,夏威夷的情况也是如此(Cesar,Burke 和 Pet-Soede 等)。估算生态系统服务价值的另一个例子来自碳固存。全球海洋委员会(GOC)估计,与海洋相关的碳固存的全球经济价值未来每年在 740 亿美元至 2220 亿美元之间。这些数字清楚地表明,海洋和沿海生态系统对海洋经济总体价值的贡献十分显著。

生态系统服务的范围从有形服务到无形服务(例如食品生产与审美价值),常见分为"商品"和"服务"两种。如表 2.1 所示,海洋和沿海生态系统服务可分为四类:服务支持,功能调节,供应服务和文化习俗(De Groot,Wilson 和 Boumans)。

表 2.1 海洋和沿海生态系统服务

生态系统服务	定义	海洋和沿海生态系统服务案例
服务支持	为海洋生态系统功能提供支持,并实现其他服务的维护和交付	光合作用,养分循环,土壤,沉积物,沙子形成
功能调节	生态系统发展和自然周期的自然调节	水调节,自然灾害天气调节,固碳,海岸线稳定
供应服务	原材料,食品和能源	原材料(例如海床沉积物,例如锰结核,钴结壳和固体块状硫化物、沙子、珍珠、钻石),粮食生产(例如渔业和水产养殖),能源(例如,海上风能,海洋能,海上石油和天然气),遗传资源(独特的生物材料的来源和工业利益的过程)
文化习俗	自然环境生产生活带来的经验	旅游,娱乐,精神价值观,教育,美学

资料来源:总结自 De Groot,Wilson 和 Boumans 等人的研究成果。

对海洋产业的贡献赋予经济价值十分困难;识别和评价生态系统及其提供的商品和服务更加困难(Barbier 等;Polasky 和 Segerson)。生态系统服务的价值取决于受益于这些服务的利益相关者(Vermeulen 和 Korziell,2002)。这些值包括生产使用值和非生产使用值。

当以提取方式(例如,用于收入或粮食)或以非提取方式(例如,用于观察或娱乐)直接使用生态系统服务时,就会产生生产使用价值。另一方面,非生产使用价值反映了对间接服务的重视,特别是在支持和调节生态系统功能方面,例如维护水质和社区传统(间接使用)。非生产使用价值还包括"选择价值"和"存在价值",前者是已知的可为未来持续提供生态系统服务潜力的价值,而后者则反映了生态系统的价值。这些服务仅因其存在而独立于任何人当前或将来对这些服务的使用。

量化非生产使用价值特别复杂。但是,经济学家已经开发出多种方法来估计市场不完整或不存在的商品的价值,这些工作的内容包括揭示的偏好和陈述的偏好方法①。评估生态系统服务还属于不发达的领域,这项工作十分具有挑战性。这里提到的技术既没有在世界范围内广泛部署,也没有很好地集成到评估和评估活动中。展望未来,在任何有效的人类活动与海洋健康之间的平衡管理策略中,都必须将生态系统服务的评估视为基石。正如欧洲联盟的《海洋战略框架指令》所指出的那样,"对人类活动进行基于生态系统的管理方法意味着确保将此类活动的集体压力保持在与实现良好环境状况以及海洋能力相适应的水平之内。应对人类引起的变化的生态系统没有受到损害,同时使今世后代能够可持续使用海洋产品和服务"。

总之,虽然我们常说的海洋经济主要是海洋产业和活动,但也必须牢记海洋的自然资产和生态系统服务是海洋经济不可或缺的一部分,需要认识到有必要加大努力以更好地理解和评价海洋生态系统。

2.1.3 海洋产业的发展

在海洋经济研究中,海洋经济的部门能力范围因国家不同而差别显著。所选类别的数量可以从 6(美国)到 33(日本)不等。一个国家的某些产业可能被排除在海洋经济之外,而另一个国家却没有。此外,各国在使用的分类和类别的描述上也有很大差异。尚无国际商定的海洋活动定义和统计术语,海洋产业类别名称主要是以下范围(表 2.2),用于对已建立的和正在兴起的海洋活动进行分类,同时需要区别已有的关于重叠定义的言论以及传统海洋产业中高度动态的正在兴起的新兴活动的言论。但是,应该指出的是,由于缺乏全面一致的数据集,在此未详细介绍所有行业。

表 2.2　海洋传统产业与新兴产业的比较

海洋传统产业	海洋新兴产业
捕捞渔业	海洋养殖
海产品加工	深海超深海油气开采
航运物流	离岸风能

---

①　此处提到的偏好方法通过对个人产生与获得的商品和服务的收益相关的成本的意愿进行统计分析,来估计对生态系统的商品和服务的需求。该方法包括旅行成本法(TCM),享乐主义价格(HP)方法和避免行为方法(Koundouri,2009)。共同的基本特征是环境收益对特定市场商品的消耗(弱替代性)的功能依赖性。通常使用这种方法来衡量文化和娱乐价值。陈述的偏好方法基于调查和问卷调查,以在一个构建的或假设的市场中衡量利益相关者为享受和/或保护生态系统付出的意愿(Koundouri,2009年)。陈述的偏好方法包括或有评估方法(CVM)和选择实验(CE)。

（续表）

海洋传统产业	海洋新兴产业
港口码头	海洋可再生能源
船舶制造	海洋海床采掘
近海油气	海事安全与监测
海洋旅游和滨海旅游	海洋生物技术
海洋服务业	高科技海洋产品与服务
海洋科研与教育	
海洋疏浚	

海洋产业对全球总增加值的贡献约为 1.5 万亿美元（2.5%）。用海洋产业对经济产出和就业的贡献来衡量，全球海洋经济意义重大。根据经合组织海洋经济数据库进行的计算得出，2010 年海洋经济的产出（计算和随后的情景基准年，到 2030 年）为增加值 1.5 万亿美元，约占世界总增加值（GVA）的 2.5%。为了比较行业对各国经济的贡献，使用总 GVA 的份额比 GDP 的份额要好。为此，国民账户体系（SNA）建议使用基本价格的 GVA。行业总 GVA 与 GDP 总值之间的差异是税收减去产品补贴，这在不同国家有所不同。这种调整是在总（经济）水平上进行的，因为虽然按时间顺序征收的税款减去对产品的补贴可能会按产品提供，但通常不会按行业提供。此外，应注意的是，本书以 2010 年《所有经济活动国际标准行业分类》（ISIC）的修订版为基准，以最大限度地提高可用数据的完整性、一致性和可比性。

离岸石油和天然气约占海洋产业总增加值的 1/3，其次是海上和涉海旅游业（26%）、港口（13%）（按全球港口吞吐量的总增加值衡量）和海运设备（11%）。其他行业所占份额不超过 5%（图 2.2）。尽管工业化捕捞渔业所占份额很小（1%），但应指出的是，将手工捕捞渔业（主要在非洲和亚洲）产生的增加值的估计数包括在内，将使捕捞渔业总数再增加数百亿美元。

世界海洋产业在 2010 年的时候，直接贡献了约 3100 万个全职工作岗位，约占全球劳动力的 1%（约占全球积极就业的 1.5%）。如图 2.3 所示，最大的雇主是工业捕捞渔业（36%）以及海上和沿海旅游业（23%），其余行业所占份额仅为 1%～8%。

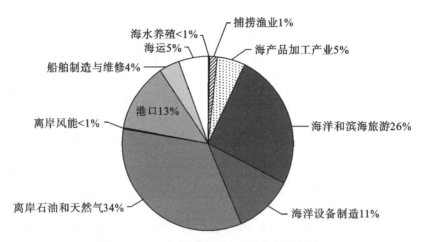

图 2.2　2010 年世界海洋产业增加值示意图*

*：不包括个体渔民捕捞。

资料来源：作者根据经合组织 STAN、工发组织 INDSTAT、联合国开发计划署、世界银行的计算（2013）、国际能源署（2014）、经合组织（2014）的相关材料以及各种行业报告整理。

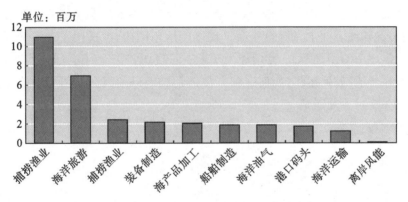

图 2.3　2010 年海洋产业提供的就业岗位分布*

*：不包括个体渔民捕捞。

资料来源：根据经合组织 STAN、工发组织 INDSTAT、联合国开发计划署、世界银行以及国际能源署等数据的计算结果汇总整理（2013）。

　　但是这一情况概述有很多限定。首先，如果将渔业的全部工作都包括在内，捕捞渔业在总就业中所占的百分比将显著增加，使捕捞渔业和水产养殖（包括内陆活动）的渔民总数增加约 1 亿。其次，除了工业鱼类加工以外，还有数百万人（主要是妇女）从事手工鱼类加工。因此，在此值得注意的是，对海洋经济增加值和就业的估计是非常保守的。除了上述限定外，由于缺乏数据，海洋经济中的一些重要活动（例如,海洋商业和金融、海洋监测、海洋生物技术）未得到记录。

2.1.4 海洋经济和陆域经济的区别

海洋的面积要比陆地大很多,因此发展边界也要大很多。天然海洋发展进程,生态系统和物种不限于海洋法律边界,即使是在单个沿海国家（领海、毗连区、专属经济区）的管辖范围之内,也取决于其发生地,不同的法律制度也适用于同一活动,而且其他国家在本国以外地区的利益进一步加剧了这种法律制度的管辖权（比如,国际水域）。

海水比空气的透明度差,人类进行活动的时候可视程度要困难许多,人类在陆域活动中习惯使用的遥感技术无法深入到海面以下。这使得知道水体和海床中发生的事情变得更加困难,成本更加昂贵。海洋研究和监测成本非常高,这有助于解释为什么我们对海洋中发生的事情比对陆地发生的事情了解的少。

海洋经济发展空间比陆域经济更具立体感、空间感。海洋生物从海面一直延伸到最深的海沟,而在陆地上,只有相对少数的物种（即具有飞行能力的物种）能够在陆地表面上方维持生命。在悠闲地范围内,也适用于人类活动。这使得二维地图的用处不大,并增加了海洋空间规划和管理的复杂性。这也使得研究海洋环境,如何运作,如何受到人类活动影响以及海洋如何为经济和人类福祉服务变得更加困难。

2.2　海洋经济演变和新部门发展

未来 10 年海洋经济主要受全球人口、经济、气候和环境、技术以及海洋监管等因素来驱动发展。人口增长、城市化和沿海发展是海洋经济增长的核心。根据 OECD 的预测,到 2050 年,至少需要再增加能够满足 20 亿人口的食物。这对于陆地粮食生产能力趋于饱和的情况,人类将增加对渔业和水产养殖业的需求,包括鱼类、软体动物和其他种类海洋食品。庞大的消费市场,将刺激海上货运和客运、造船和海洋设备制造以及海上油气储量勘探等产业的发展。世界范围内的老龄人口将继续以沿海地区为主要度假区,乘船游览和康养医疗的需求,激励全球医疗界和制药界加快对新药研发和康养领域的海洋生物技术研究。

人口增长带来的市场需求是海洋经济发展的最强动力之一。尽管全球海洋经济在最近几十年增长迅速，但是相比陆地经济的发展水平和繁荣程度还有很大一段差距。到 2050 年，全球货运贸易可能增长 3 倍以上。由于约 90% 的国际货运是通过海运进行的，因此对航运业务和港口建设的推动作用将是巨大的。图 2.4 是全球海运贸易发展变化增长情况，石油运输仍将是最重要的运输品。

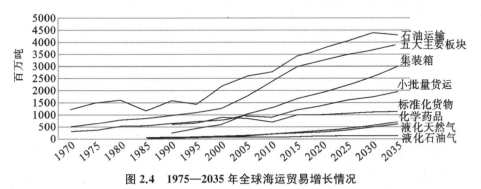

图 2.4　1975—2035 年全球海运贸易增长情况

资料来源：Sea（2015）。2014 Uanket Forecast Repert，SEA Europe，Ship＞Maritime Equipment Association，available at：www. seaeurope. eu/template. asp？f ＝ publicarions. asp&·jaar＝2015.

随着中国、印度和印度尼西亚等国所占世界生产份额（到 2030 年将近 40%，到 2050 年将近 50%）的不断扩大，其收入和财富也随之增加，尤其是亚洲新兴国家在新兴经济体的中产阶级和一些快速发展的国家中，世界贸易中心由西向东逐渐转移或者创造一个新的贸易中心是不可避免的。这一变化对海洋产业的影响是巨大的。世界有影响力的航运公司和造船公司已经在认真考虑未来可能发生的市场、路线、货物类型和船只类型的变化。收入的增加和消费的增长趋势表明对海洋旅游特别是邮轮旅游的需求增加。人类饮食习惯地将发生重大变化，这有望将对海洋渔业的需求提升到新的高度。

2.2.1　海洋食品的开发和挑战

鉴于到 2050 年世界人口的预期增长和对粮食的需求，海洋将在补充农业生产的粮食供应方面可发挥重要作用。在世界许多地方，海洋产品将是数百万人所需的蛋白质和维生素的主要来源，尤其是随着中产阶级的增长，他们的消费转向了高端蛋白质产品。但是，世界上许多地方过度捕捞和资源枯竭以及陆地污染的影响，尤其是化肥和农业废弃物流向沿海和河口的影响，威胁海洋生物栖息地，削弱了海洋履行这一职责的能力。世界对海鲜的需求的增长将通过水产养殖特别是海洋水产养殖的大幅增长来吸收。但是,扩大海洋水产养殖规模有必要解决一系列挑战,从提供更多的场所、更科学的水产疾病预防与治疗预警、水域生物管理系统建设等问题,到应对气候变化的影响以及减少基于野生鱼捕捞的饲料中的动物蛋白,这些都必须尽快提上议事日程。

2.2.2　海洋能源的开发探索

能源问题遍及整个海洋产业,无论是能源用户还是能源供应商。市场价格水平和市场波动性是决定海上油气勘探和生产可行性的关键因素,海上能源项目的确立和放弃都受这一关键因素的影响,这一因素的形成原因在于资本密集。尽管国际原油油价低廉,但许多引人注目的海上项目仍在继续发展。与碳氢化合物生产相比,持续高昂的石油和天然气价格是海上风能和海洋可再生能源持续发展以及以水产养殖为基础的藻类生物燃料发展的重要原因。但是,海上风能在未来几年可能会继续受益于政府的补贴,随着容量的增长,海上风能也将从降低生产和运营成本的努力中受益。这两个因素都有助于海上风电增强对石油和天然气市场波动的适应能力。另一方面,预计海洋能源系统(潮汐、波浪、洋流等)的全球市场在中期不会显著扩大,但从长期来看却是巨大的。海上风能和海洋能的能力最终都会受益于历史悠久的 COP21 协议及其对可再生能源的支持。

2.2.3　海洋环境的演变发展

海洋经济发展的一个重要制约因素可能来源于预期的海洋环境进一步恶化。海洋在调节地球的气候中起着重要的作用,并且与地球的土地质量和大气有着千丝万缕的联系。它的生态系统服务包括调节大气和海洋中的二氧化碳浓度、提供氧气、热液对流循环、水文循环、海岸保护以及对海洋生物多样性的重要贡献。随着人为碳排放量的增加,海洋吸收了许多碳,导致海洋酸化、海水温度和海平面上升、洋流变化等。世界各国越来越担心气候变化对海洋健康的影响。确实,在巴黎 COP21 会议之后,政府间气候变化专门委员会(IPCC)发布有关海洋的特别报告,特别是关注气候变化对生物多样性的影响,海洋生态系统的功能以及这些生态系统在帮助监管方面的作用。

地球气候对海洋生态系统和海洋多样性的影响是巨大的,并可导致生物多样性和生境的丧失、鱼类种群组成和迁移方式的变化以及严重海洋天气事件的发生频率增加。渔业和水产养殖业、海上石油和天然气工业、脆弱的低洼沿海社区、航运公司、沿海和海洋旅游业以及用于医疗和工业用途的海洋生物勘探正在受到并将继续受到影响。陆地污染,特别是农业径流、化学物质以及从河流流入海洋的宏观和微塑性污染物,进一步加剧了对海洋健康和海洋使用者的危害。在这些问题上,发展中国家受到的打击往往比工业化国家受到的打击更大。

然而,与此同时,海洋气候的变化将创造新的商机。例如,北极地区发生的事件就说明了这一点,预计未来几年冰盖将继续融化,开辟了北海航线(NSR)进行商业可行的运输。根据最新的建模结果(Bekkers,Francois 和 Rojas-Romagosa,2015),与目前通过苏伊士使用的南海航线相比,东北亚和西北欧洲之间的航行时间缩短了约 1/3。将 NSR 转变为世界上最繁忙的运输路线之一,使亚欧之间的双边贸易流量发生重大变化,并引发欧洲内部以及欧洲和亚洲之间的全球供应链重组。同时,冰川的消退将为从油气勘探到采矿、渔业和旅游业等新的经济机会开辟道路,但是,这又给脆弱的北极环境带来了进一步的潜在风险。

2.2.4　科技创新对海洋经济部门的影响

在未来几十年中,预计科学技术的进步将在应对上述与海洋有关的环境挑战以及在进一步发展海洋经济活动中发挥关键作用。新材料、海底工程和深渊技术、传感器和成像、卫星技术、计算机化和大数据分析、自治系统、生物技术和纳米技术的创新——海洋经济的每个领域都将受到这些技术进步的影响。例如:商业航运似乎正处在引入自动驾驶船舶和更多使用新燃料的边缘;石油和天然气以及海底采矿公司都在寻求机器人技术进行海底作业;海洋水产养殖业正在利用生物技术的进步来改善鱼类健康和福祉,并减少对野生鱼类捕捞物的依赖;可再生海洋能源正在越来越多地利用新材料和传感器的进步;卫星技术(通信、遥感、导航)的巨大进步将使渔业、海洋安全、海洋观察和环境评估继续受益;邮轮旅游业正在将其面向乘客和机组人员的车载数字设施扩展到前所未有的水平。

这些创新中的一些有望产生增量收益,然而,其他创新可能会证明更具变革性,甚至更具破坏性,尤其是当它们涉及多个技术领域的创新组合时。

例如:航运业正在实施电子导航的近期前景;多种技术(生物技术、卫星和传感器技术等)的融合彻底改变了与海上石油污染的斗争;海底制图有望取得长足进步;预期多功能海上平台的使用将增加,以及海底观测站的传播。

显然,海洋经济的未来受到许多因素的影响。近年来,许多国际组织、政府机构、行业协会和研究机构对海洋产业进行的大量预测在不同程度上验证了这一点。要对整个海洋经济的未来前景有一致的了解是非常困难的,因为这些研究使用不同的方法、不同的时间范围和不同的假设(例如,关于全球经济增长和贸易),而且由于它们大部分是针对单个部门的研究,因此无法捕获各个海洋部门之间的相互联系。对海洋经济产业进行建模表明,其中一些产业有可能超过世界平均经济增长水平。

"海洋经济的未来"项目通过在增强的海洋工业数据库和一个基于广泛一致的假设与参数的模型的基础上,预测到2030年全球海洋经济整体的发展,努力减轻这些缺陷。该预测是一个照常使用的场景或基准场景,它假设了过去趋势的延续,没有重大的政策变化,没有突然的技术或环境发展,也没有重大的意外。海洋产业的增值和就业增长将继续以与过去参考时期相同的轨迹发展到2030年。为该项目设计的模型要求在过去的增长率持续到2030年的假设下,推断特定国家和行业的就业与有形资本存量。

到2030年,海洋经济"一切照旧"的全球增加值估计将增长到超过3万亿美元(按2010年定值美元计算)(图2.2),并保持其在世界总GVA中的份额(预计到2030年达到1200亿美元),约为2.5%。包括邮轮业在内的海上和沿海旅游业预计将占最大份额(26%),其次是海上油气勘探和生产占21%,港口活动占16%。

同样,这些估计被认为是高度保守的。首先,它们未包括大量与海洋有关的部门,目前尚无足够的数据。其次,它们低估了某些部门的活动(如航运),由于缺乏数据,许多国家不得不将其排除在外。再次,某些大型行业(例如,海上石油和天然气)预期的适度增长掩盖了其他一些行业(例如,海洋水产养殖、海上风能、鱼类加工、港口活动)预期的较高增长率,并阻碍了海洋经济的总体平均增长(见图2.2)。

这些结果表明,海洋经济的许多部分都有潜力超过全球经济的增长率。许多国际组织和机构、行业协会和研究机构进行的大量针对特定行业的预测和预测支持了这一结论。这些数据表明,在未来15年中,船舶、造船和维修、港口活动、海洋供应、海洋水产养殖、海上风能和海洋旅游业的数量将强劲增长。他们预计捕捞渔业和海上石油与天然气的增长将减弱。海洋可再生能源、海洋生物技术和CCS也被认为具有相当大的潜力,但是,到2030年,扩大规模的可能性不大。

第3章 中国海洋经济
高质量发展逻辑的确立

我们对一种事物进行定义或者评价,首先要弄明白它是什么、为什么存在以及怎么运行,也就是俗话说的"是什么,为什么,怎么办"。这一过程,在研究一个相对简单事物的时候可以快速对其进行定性,但是面对一个体系的时候,我们需要反复论证和探索,摸清其内在逻辑。

只有搞清楚中国海洋经济高质量发展的逻辑是什么,后续的探讨和思考才能有序进行,这是基础也是规律。海洋经济高质量发展是中国经济在新时代背景下转向高质量发展阶段所确立的、与之相适应的目标。因此,在对海洋经济高质量发展摸索其逻辑是什么之前,要先搞清楚中国经济高质量发展的逻辑。

"中国特色社会主义进入了新时代,我国经济发展也进入了新时代,基本特征就是我国经济已由高速增长阶段转向高质量发展阶段。"中国经济转向高质量发展阶段这一提法并不是空穴来潮,从高速增长到经济发展进入新时代,中国经济发展格局发生重大变动,一个重要的特征是不再满足于大而不强的粗放型增长模式,由此追求质量型增长模式成为共识。下面,我们从历史逻辑、理论逻辑、实践逻辑出发,探寻国家确立海洋经济高质量发展目标的根本原因。

3.1 中国经济高质量发展的历史逻辑

中国海洋经济高质量发展的目标是基于中国经济发展在历史上所处的不同阶段作出的判断,考察中国经济高质量发展要看其在历史上是如何产生的、主要经历了哪些阶段,而后依据这一发展脉络去分析这一事物现在是怎样的。中国经济转向高质量发展可以从改革开放以来经济发展阶段的变化追溯原因。

3.1.1 经济高质量发展是中国经济发展阶段演进的客观必然

发展是历史的、具体的、分阶段的。中国的经济发展也同样遵循这一哲学规律,中国的经济发展首先是经历了一个漫长的历史过程,从新中国成立初期的生产恢复到改革开放的高速推进再到如今的高质量发展,这不是历史的偶然,而是历史发展进程的客观必然和主体选择属性。1953 年到 1978 年,我国GDP 总量由 824 亿元增加到 3624.1 亿元,是 1952 年的 5.3 倍,第二产业占国民经济的比重从 23.4% 增加到 48.2%。1950 年至 1978 年期间,中国 GDP 增长率和人均 GDP 增长率分别为 5.0%、2.9%,高于 4.6% 和 2.7% 的世界平均水平,事实证明新中国工业化战略的实施是完全正确的,但由于受计划经济体制弊端和战后生产资料匮乏、劳动力技能不足的影响,整体上中国仍处于贫困状态。党的十一届三中全会诞生改革开放的重大决策,使改革的重点由农村逐步转向城市,建立社会主义市场经济体制也逐步提上日程。从这一刻开始,中国的经济建设发展才真正迈开步伐,甩掉了旧中国生产落后和战争破坏带来的沉重包袱。

表 3.1　1978—2018 年国内生产总值和人均国内生产总值

年份	国民总收入（亿元）	国内生产总值（亿元）	第一产业（亿元）	第二产业（亿元）	第三产业（亿元）	人均国内生产总值（元）	人均国民总收入（元）
1978	3678.7	3678.7	1018.5	1755.2	905.1	385	385
1979	4100.5	4100.5	1259.0	1925.4	916.1	423	423
1980	4587.6	4587.6	1359.5	2204.7	1023.4	468	468
1985	9123.6	9098.9	2541.7	3886.5	2670.7	866	868
1986	10375.4	10376.2	2764.1	4515.2	3096.9	973	973
1987	12166.6	12174.6	3204.5	5274.0	3696.2	1123	1122
1988	15174.4	15180.4	3831.2	6607.4	4741.8	1378	1377
1989	17188.4	17179.7	4228.2	7300.9	5650.6	1536	1537
1990	18923.3	18872.9	5017.2	7744.3	6111.4	1663	1667
1991	22050.3	22005.6	5288.8	9129.8	7587.0	1912	1916
1992	27208.2	27194.5	5800.3	11725.3	9668.9	2334	2336
1993	35599.2	35673.2	6887.6	16473.1	12312.6	3027	3021
1994	48548.2	48637.5	9471.8	22453.1	16712.5	4081	4073
1995	60356.6	61339.9	12020.5	28677.5	20641.9	5091	5009

（续表）

年份	国民总收入（亿元）	国内生产总值(亿元)	第一产业（亿元）	第二产业（亿元）	第三产业（亿元）	人均国内生产总值(元)	人均国民总收入（元）
1996	70779.6	71813.6	13878.3	33828.1	24107.2	5898	5813
1997	78802.9	79715.0	14265.2	37546.0	27903.8	6481	6406
1998	83817.6	85195.5	14618.7	39018.5	31558.3	6860	6749
1999	89366.5	90564.4	14549.0	41080.9	34934.5	7229	7134
2000	99066.1	100280.1	14717.4	45664.8	39897.9	7942	7846
2001	109276.2	110863.1	15502.5	49660.7	45700.0	8717	8592
2002	120480.4	121717.4	16190.2	54105.5	51421.7	9506	9410
2003	136576.3	137422.0	16970.2	62697.4	57754.4	10666	10600
2004	161415.4	161840.2	20904.3	74286.9	66648.9	12487	12454
2005	185998.9	187318.9	21806.7	88084.4	77427.8	14368	14267
2006	219028.5	219438.5	23317.0	104361.8	91759.7	16738	16707
2007	270704.0	270092.3	27674.1	126633.6	115784.6	20494	20541
2008	321229.5	319244.6	32464.1	149956.6	136823.9	24100	24250
2009	347934.9	348517.7	33583.8	160171.7	154762.2	26180	26136
2010	410354.1	412119.3	38430.8	191629.8	182058.6	30808	30676
2011	483392.8	487940.2	44781.4	227038.8	216120.0	36302	35963
2012	537329.0	53850.0	49084.5	244643.3	244852.2	39874	39782
2013	588141.2	592963.2	53028.1	261956.1	277979.1	43684	43329
2014	642097.6	641280.6	55626.3	277571.8	308082.5	47005	47065
2015	683390.5	685992.9	57774.6	282040.3	346178.0	50028	49838
2016	737074.0	740060.8	60139.2	296547.7	383373.9	53680	53463
2017	820099.5	820754.3	62099.5	332742.7	425912.1	59201	59153
2018	896915.6	919281	64745	364835	489701	64644	64400

注：(1)1980 年以后，国民总收入（原称国民生产总值）与国内生产总值的差额为来自国外的初次分配收入净额。

(2)本表按当年价格计算。

(3)据 2019 年 11 月 22 日《国家统计局关于修订 2018 年国内生产总值数据的公告》，2018 年国内生产总值已修订。

数据来源：2019 年《中华人民共和国年鉴》。

  1978 年底开始的改革开放,是新中国生产力迅速发展、迈上新台阶的标志,以党和国家对经济增长目标的重大决策和部署为节点,我们可以从历史轨迹上看到三个明显的发展阶段。

  一是生产高速增长阶段(1978—2012 年)。生产高速增长是特殊历史发展时期的一个阶段。这个阶段的生产生活发生重大变化,生产技术和生产资料都实现了巨大进步,生产者的技术水平也提升到新高度。这一阶段党和国家明确提出经济总量翻番的增长目标,在此目标的引领下,中国国民生产总值由 1978 年的 3678.7 亿元上升为 2012 年 537329.0 亿元,"1979—2012 年,中国经济增速年均达到 9.8%,而同一时期世界经济年均增速仅 2.8%"。"经济增长目标每提高 1 个百分点,经济发展质量下降近 1 个百分点。"表明过分地追求经济高速增长目标,经济发展质量必然受到影响。

  二是增速转换阶段(2012—2017 年)。这一阶段由于复杂的内部和外部环境,经济增长经历着速度换挡的关键节点。从 8%~10% 的高速增长向 6%~8% 的中高速增长"换挡",据此党中央先后作出"三期叠加"阶段和"新常态"的科学判断。2012 年,中国经济增速从上一年的 9.55% 下降到 7.86%,"正式告别 9% 以上的快速增长",2016 年进一步降至 6.74%。虽然经济增长速度放缓,部分地区经济面临的下行压力大,但这一现象合乎追赶型经济体发展的规律。从国际经验来看,韩国、日本、新加坡等东亚国家在追赶过程中也经历了经济增长速度从高速到中高速的转换,经济增速从高速下降了大约一半,其间通过经济结构调整和再平衡,实现了从中等收入向高等收入的跨越。如果这一阶段没有进行相应的调整,就会出现拉美地区的一些经济体持续滞留于经济下行的问题。习近平在 2015 年的博鳌亚洲论坛上指出:"我们看中国经济,不能只看增长率……聚集的动能是过去两位数的增长都达不到的。"说明中国经济在下行压力的同时聚集着发展的潜力。因此,新常态下的中国经济发展不再视单一的 GDP 增长速度为目标,而是在"两个翻番"的实现过程中,重构新的增长模式、重塑新的发展源泉,加快经济增长结构调整,加快形成新的增长动力,将下行压力转化为前进的动力。

  三是高质量发展阶段(2017 年至今)。中国进入增长阶段转换期后,在新常态的引领下,实现了全方位、根本性的历史变革,经济产生深刻变化,主要表现为第三产业及创新的贡献度增加、经济总体结构不断优化、经济质量效率不断提升,呈现出经济可持续性、包容性和普惠性的阶段新特征。党和国家对经济发展阶段特征的认识由此而深化,党的十九大报告所提出的"中国经济转向高质量发展阶段"，是顺应历史发展趋势的观点。发达国家经验表明，先行工业化国家在工业化早期都是依靠劳动、资本要素投入实现数量型增长，到了工业化后期经济增长方式从早期资本投入逐步转向依赖技术进步或创新、知识和人力资本积累的集约管理型经济增长，成功追赶型经济体则经历了高速增长阶段到调整结构的中高速转换阶段再到经济稳定增长的成熟阶段的转换，实现了由数量型增长向质量型增长的飞跃，可见由数量型增长转变为质量型增长是经济发展的一般规律。在经历了经济增速换挡之后，中国必将向形态更高级、分工更优化、结构更合理的高质量发展阶段迈进，这是因为从高速到中高速的增速下降是为质量的提升作出让步，更是为了以后的协调发展打好基础，实现国家经济从速度追求型向质量效益追求型的转变。正如托马斯·皮凯蒂所言："高速经济增长只是工业化时期发生的一段特殊历史现象，当工业化完成后这种高速增长将不复存在。"按照库兹涅茨与钱钠里的工业化发展阶段的经典指标，当前中国已经处于工业化后期，进入提质增效的高质量发展阶段，党和国家正是鉴于中国经济在新的历史发展阶段的变化，才有了以质量为导向、以质取胜的新要求，不失时机地提出追求经济高质量发展的新目标。

3.1.2　中国经济高质量发展是适应社会主要矛盾变化的客观需要

历史发展进程中判断新旧时代是否发生重大变化的内在依据主要是看矛盾是否发生了性质变化。新中国成立之后，面对一穷二白的基本国情，中国共产党第八次全国代表大会明确了我国的主要矛盾是"人民对于建立先进的工业国的要求同落后的农业国的现实之间的矛盾"。在以毛泽东为代表的中国共产党人的齐心协力之下，农业大国的落后面貌初步改变，建立了相对独立的工业体系和国民经济。

新中国成立初期虽然取得了一些成果，但其生产力水平仍不能满足人民日益增长的物质文化水平，因而党的十一届六中全会将"人民日益增长的物质文化需要"与"落后的社会生产"之间的矛盾确立为中国所要解决的主要矛盾。历经多年的经济追赶使得中国经济社会取得全方位的成就。1978—2017 年，中国国内生产总值占世界比重从 1.8% 上升为 15.0%，按不变价计算，国内生产总值年均增长 9.5%，中国远高出同期世界经济年均增速 6.6 个百分点。2017 年中国 GDP 总量首次达到 82.7 万亿元，经济规模连续 8 年稳居世界第二位，社会生产力、综合国力迈上新的台阶。经济发展的成果最终是要由人民来共享的，国家高度关注民生事业，进一步深化民生制度改革，一大批民生工程落地，民生保障能力更强,实现了民众生活水平的提升。城乡居民人均可支配收入稳步提高,城镇居民从 343.4 元上至 3.6 万元,农村居民从 133.6 元增加到 1.3 万元,扣除价格因素分别增长了 15.7 倍和 17.2 倍,人民生活水平有较大提高,人均国民收入近 9000 美元,达到中等收入偏上的水平,农村贫困发生率从 97.5％下降为 3.1％,城乡恩格尔系数大幅度下降,实现了从贫困到温饱和即将实现从温饱到全面建成小康社会的历史性跨越。

在此历史背景下,社会主要矛盾发生重大转变。一方面,人民的需求发生进阶式改变,从“人民日益增长的物质文化需求”转变为“人民日益增长的美好生活需要”,从“有没有”向“好不好”,也就是人民的需求不再单单是基本物质生活需求,而是非物质需求的增加,“民主、法治、公平、正义、安全、环境等方面的要求日益增长”,同时人民对产品与服务的需求也不再是数量上的需求,而是渴望整体质量的上升;另一方面,社会生产特征发生转变,从落后的社会生产发展为不平衡、不充分,所谓的不平衡主要指的是经济结构的不平衡,包括供需结构失衡、产业内部结构发展不平衡、东西部地区发展不均衡、收入分配差距仍较大等问题,微观层面指的是产品质量相对较低、产品科技含量较低和资源消耗浪费较大、环境污染相对较高的“两低两高”问题。不充分则是指生产力的潜力尚未彻底激发,“生产力发展程度尚不够高、发展总量不丰富以及发展态势尚不稳定”。虽然一部分行业产能过剩,但是另外一些行业的供给紧缺,除了经济领域,教育、医疗、养老、居住等民生领域的产品供给与人民的需求差距仍较大。

随着新时代历史性的变化,我国经济发展也进入了新时代,不平衡、不充分问题与人民美好生活需要的提升交织在一起,社会主要矛盾的变化在经济领域表现为经济发展主要矛盾的变化,我国经济已由高速增长阶段转向高质量发展阶段,基本特征的变化预示着高质量发展阶段的发展思路、经济政策制定、实施宏观调控的根本要求不同于高速增长阶段,在新的阶段对经济发展有了新的要求,新时代下的中国经济以满足新时代人民美好生活需要为立足点,以解决发展不平衡、不充分的问题为着力点,以提升经济发展质量和效益为重点,在经济总量持续增加的基础上更加注重发展质量,并且坚决抛弃一切刺激经济增长的手段,转变为“宏观政策要稳、微观政策要放活、社会政策要托底”的思路,由“保增长”为中心的宏观经济政策转为“调结构”为中心的宏观调控政策。由此可见,经济高质量发展是适应新时代社会主要矛盾变化的客观需要。

3.2　中国海洋经济高质量发展的理论逻辑

任何论断的提出都必然有其特定的思想来源可以追溯。海洋经济高质量发展作为引领中国当前和未来向海洋挺进的发展需求导航,既体现了深刻的马克思主义经济理论,也凝结了几代中国共产党人对中国经济发展探索的智慧结晶,既开拓出马克思主义政治经济学中国化的"新境界",也深化了中国特色社会主义经济发展理论,这些理论构成了中国海洋经济高质量发展的政治经济学理论逻辑。

3.2.1　马恩经典经济论述奠定海洋经济高质量发展理论基础

马克思主义理论经典作家虽然没有在其著作中明确提出"经济高质量发展"这一概念,却在大量经典著作中渗透并蕴含相当具有当代价值意义的经济发展思想,其中革命导师马克思、恩格斯对经济增长的源泉、经济发展的根本目的、经济发展的内生动力、经济发展水平的评价、经济发展的重要条件、经济持续发展的实现条件、科技创新理论、以提高生产要素质量为核心的生产力理论、社会再生产理论、内涵扩大再生产理论和集约增长方式理论等的论述,为社会主义国家的经济高质量发展奠定了重要的理论基础。

中国海洋经济也是在这一革命理论基础上衍生的经济形态。中国在经历陆地经济长足发展之后,紧跟人类经济发展趋势转战海洋领域,这是先进和明智的发展选择。但是在海洋经济发展初期,我们完全可以立足于陆地经济发展历史经验之上,避免资源浪费和无序开发,在起跑线上就以一种高质量的发展态度来对待海洋经济。

海洋经济发展的根本支持离不开科技发展。科技创新理论中科学技术的创新为促进生产力发展奠定现实基础。马克思主义科技创新理论形成于 18 世纪所爆发的工业革命背景之下。18—19 世纪近代科学技术呈现飞跃式发展,这期间也是资产主义社会生产力获得大幅度提升的时期,资本主义之所以能够快速实现生产力的巨大飞跃,最为根本的原因在于持久的科技创新,马克思因此写道:"只有资本主义生产方式才第一次使自然科学为直接的生产过程服务……科学获得的使命是:成为生产财富的手段,成为致富的手段。"因而"资产阶级在它的不到一百年的阶级统治中所创造的生产力,比过去一切世代创造的全部生产力还要多,还要大"。此外,在《资本论》中,马克思分析了科技创新动力原理,并指出现实财富的创造随着大工业的发展,并非取决于大量劳动时间和已耗费的劳动量,而是更多地取决于单位劳动时间内因科技进步或使用科学技术所产生的巨大效率,可见,科学技术作为潜在的生产力,对于推动经济社会进步起着重要作用。通过科学技术在生产中的应用,生产效率不断提高,"劳动生产力越高,生产一种物品所需要的劳动时间就越少,凝结在该商品中的劳动量就越小,该物品的价值就越小"。其结果是劳动力价值降低,必要劳动时间大大缩短,工人的剩余劳动时间延长,相对剩余价值产生,最终资本家取得了更多的剩余价值,增加了社会财富。马克思、恩格斯深入分析了科学技术创新是如何从潜在生产力转化为现实生产力的,这一点在《资本论》中有明确的解释,这是因为科技创新本身是一种高级复杂的劳动,"这种劳动力比普通劳动力需要较高的教育费用,它的生产要花费较多的劳动时间,因此它具有较高的价值"。较高价值的劳动力直接表现为较高级的劳动,意味着同样长的时间可以产生更多的价值,随着科技的进步,科学知识与生产力各个要素产生联系,科学知识培育劳动者素质不断提升,促进劳动者经验与知识储备的提升,进而生产资料在劳动者不断的改进与革新下,促成科学知识物化为具体的装备,使科技创新成果在实践中转化为现实的生产力,表明了"社会生产力已经在多么大的程度上,不仅以知识的形式,而且作为社会实践的直接器官,作为实际生活过程的直接器官被生产出来"。

马克思、恩格斯认为科学进步和技术创新应来自社会需要,并最终要回到实践中去。人的活动具有目的性,马克思认为没有需要就没有生产,恩格斯也赞同这样的观点,并认为科学的诞生是由社会需要催生的,"经济上的需要曾经是,而且越来越是对自然界的认识不断进展的主要动力"。人正是在这种需要的驱动下进行有目的的活动。这种有目的的活动并不是个人活动,而是人类现实生活中的共同活动,因此马克思和恩格斯讲科学技术的应用是人类实现解放的一种途径,"只有在现实的世界中并使用现实的手段才能实现真正的解放"。第二,生产力理论中生产要素的效率与质量为经济发展质量的提升提供实现基础。生产的过程就是劳动的过程,劳动的过程就是价值创造的过程,"劳动是积极的、创新性的活动"。马克思认为只有有效的生产才能称为生产力,原著描述为:"生产力当然始终是有用的、具体的劳动生产力,它事实上只决定有目的生产活动在一定时间内的效率。"在商品经济条件下,如果抽掉凝结在商品中的一般劳动,就剩下有用的具体的劳动,此时"那种能提高劳动成效从而增加劳动所提供的使用价值量的生产力变化",这意味着生产这种使用价值量所需要的劳动时间总和缩减,那么就相应地减少社会必要劳动时间,说明劳动的效率在生产中发挥着重要作用,如果劳动效率提高,由劳动提供的使用价值量就高,正是科学在生产上的应用发挥着巨大的力量,它形成技术并转化为生产力,通过要素的结合效率以及剩余价值转换为资本的使用效率,从而提高要素生产效率,实现生产力质量的提高。随着技术水平的不断提高,必将大大提高劳动生产率,助推经济增长。

生产要素质量的提升,进而促进产品质量的提高。马克思认为,"商品必须具有一定质量",产品质量好坏程度及其实际所有的使用价值的程度是由劳动的质量所决定的,并取决于完善程度以及劳动合乎自身目的性质。这里包含三层含义:首要的是产品质量取决于劳动力的质量,劳动力的质量由劳动者身体素质与智力素质共同构成的,其中智力素质是依靠教育文化水平的提高而不断丰富和积累的,随着机器等代表先进技术水平的劳动资料的大规模投入使用,不仅要求劳动对象的质量要有所提高,而且要求操作劳动资料的劳动力也要相应提高其质量,生产资料与劳动力质量的结合是完成产品生产所必需的条件,科学技术水平的提高,促使生产要素的组合和结构的优化。生产资料的质是劳动资料和劳动对象的物质形式的属性,并随着人类在认识和改造自然过程中能力的增强而不断提高,只有生产资料的质量与一定质量的劳动力相适应,才能更好促进经济的增长与发展。其次,产品质量取决于完善程度,产品性能越完善,产品的质量也就越高。再次,产品质量取决于劳动合乎自身目的性质。马克思认为,经济发展以满足人的需要为目的,也就是以使用价值为目的,以人本身为目的。在商品成为普遍形式的资本主义社会里,资本运动的公式变为"G—W—G",商品的使用价值成为交换价值的物质载体,是以交换价值为中介的满足需要的物,因而资本主义生产的直接目的是价值增值。在资本主义社会里,资本家占有生产资料,并为了攫取剩余价值甚至是超额利润,进行激烈的市场竞争,在片面追求高积累的发展理念指引下,跌入"为生产而生产""为增长而增长"的资源浪费怪圈。资本主义经济发展的最终目的是满足资本家的生活需要,而社会主义经济条件下经济发展的根本目的是"满足所有人的需要",社会主义生产的直接目的是使用价值,是为了广大劳动人民的生存和发展需要,使用价值高于价值。

社会再生产理论为经济结构的平衡性发展提供理论源泉。马克思在《资本论》第二卷中分析了社会扩大再生产的实现条件,并且引申出社会经济结构的变化,"由于劳动过程的组织和技术的巨大成就,使社会的整个经济结构发生变革"。显然劳动过程的组织与技术的成就使资本主义社会经济结构发生前所未有的变化,那么其组合关系究竟是如何进行? 在第三卷,马克思回答了这一问题。社会再生产的比例关系以及用于消费和积累的比例应当满足社会总资本再生产和流通的实现条件。社会资本再生产理论要求生产资料(Ⅰ)和消费资料(Ⅱ)两大部类的扩大再生产以及第Ⅰ部类内部与第Ⅱ部类内部之间保持一定的比例关系,两大部类及各个部门之间只有在全面协调的基础上,即第Ⅰ部类原有可变资本加上追加可变资本再加上资本家个人消费的剩余价值必须等于第Ⅱ部类原有不变资本加上追加的不变资本,第Ⅰ部类生产的产品既要满足原有不变资本价值的补偿需要,还要有更多的产品满足两大部类对生产资料的需求,消费资料的生产既要满足原有工人和资本家的消费需求,也要满足新增加工人对消费资料的需要量,第Ⅱ部类中用于制造生产资料的基础部分的增长速度快于用于制造消费资料的部分,满足这一基本条件,才能实现扩大再生产,而现实是资本主义生产的无限扩大与广大劳动群体支付能力相对缩小的对抗矛盾,使社会生产两大部类之间不能自觉地维护供求之间的平衡,因而产生周期性的经济危机。

马克思通过对两大部类内部的交换和两大部类之间的交换作出的深刻分析,揭示了经济持续增长的实现条件和社会再生产的规律,无论是哪一部类生产的产品最终都要保持一定的比例关系并通过两大部类内部及各个部门之间的实物补偿和价值补偿得以实现,两大部类互为条件、互为依赖的关系对社会经济的协调发展具有重要的启示意义,生产资料部门的生产和消费资料部门的生产必须相互适应和平衡,只有结构平衡才能顺利实现再生产。

此外,社会总产品扩大再生产原理所蕴含的一般规律表明,第Ⅰ部类扩大再生产要以第Ⅱ部类的实际积累为限,第Ⅱ部类扩大再生产要以第Ⅰ部类的实际积累为限,这说明了经济发展的速度要受社会需要的制约,那种不受限制的高积累率和投资率虽然暂时使经济增长速度加快,但终将因增长速度超过国力或者是缺乏社会资源的支撑,导致生产力的破坏。内涵扩大再生产理论和集约增长方式理论为经济增长方式的转变提供理论范式。

3.2.2 中国特色社会主义经济为海洋经济高质量发展创造条件

解放和发展生产力是中国特色社会主义永恒的课题,针对不同时期经济发展难题,中国共产党进行了长期的探索,由此产生的经济发展理论为经济高质量发展提供了理论溯源,丰富和发展了马克思主义经济发展理论。

邓小平通过对社会主义建设成败的历史经验分析,决定将党和国家的工作重心转移到经济建设和实行改革开放上来。改革开放初期,经过战后经济恢复和地缘关系友好发展的阶段后,国与国之间、地区与地区之间的经济联系日益频繁,追求"和平与发展"成为世界主流。中国自身政治、经济体制得到修复和发展,自身积累达到改革开放的要求,自身经济发展需要迈上新台阶,也具备能够应对国际市场竞争的能力。

邓小平创新性地论述了对外开放、科技、教育、经济体制改革等方面与经济发展的关系。首先,在传承马克思主义世界历史理论基础之上,邓小平提出"现在的世界是开放的世界""关起门来搞建设是不行的"的观点。他的观点是,中国想要实现经济快速发展摆脱长期停滞和落后的状态,就需要打破中国历史遗留的闭关自守,必须在独立自主的基础上实行对外开放政策。其次,在谈到科技与教育对经济发展的重要性时,邓小平提出了著名的"科学技术是第一生产力"的论述。现代科学技术的发展与生产的关系越来越紧密,邓小平认为,科学在人民生产生活中的广泛渗透,使得生产效率大大提高,单位时间内劳动产出几何级增长。相同劳动时间内,社会生产力的快速增长和劳动生产率的提高,核心力量来自科学技术的发展和应用。南行谈话中邓小平明确指出经济发展"必须依靠科技和教育",足以可见科学技术对整个社会经济发展的影响力,同时邓小平高度重视教育问题,倡导"尊重知识"和"尊重人才",经济发展的后劲如何,"越来越取决于劳动者的素质,取决于知识分子的数量和质量"。海洋经济作为人类社会发展过程中的新兴生产领域,其生产时间、生产要素和生产资料的根本概念并没有变化,但是又与传统陆域经济劳动生产的内涵和外延有一定区别。但这一区别并不是本质上的变化,而是随着科技发展和人类认识世界范围的扩大带来的新领域、新知识。"变革劳动过程的技术条件和社会条件,从而变革方式本身,以提高劳动生产力。"同样适用于海洋经济发展条件。通过科学技术的广泛和深度应用,大规模减少了人类对海洋领域和海洋经济发展所需的认识时间,加速了海洋经济领域相对剩余价值的产生,提高了生产效率也意味着相对剩余价值的增加,具备了集约型经济增长的特点,是实现海洋经济高质量发展的重要途径,从而在人类海洋经济活动的初级阶段就避免粗放型经济生产方式。在经济学上,集约化耕作只是指"资本集中在同一块土地上,而不是分散在若干毗连的土地上"。马克思认为,发展集约化耕作是要在同一块土地上进行连续的投资,主要是在较肥沃的土地上经营的。由此推断,经济增长方式无非有两种：依靠要素数量投入的是"粗放增长"，依靠要素效率提高的是"集约增长"。无论是"外延型"与"内涵型"的增长方式，还是"粗放型"与"集约型"的增长方式，经济增长的质量、速度、效益取决于生产要素的数量、质量和组合方式，而又决定着经济增长的不同方式。再次，邓小平敏锐地认识到，贫穷和落后不是社会主义，一定要发展生产力，"社会主义制度优越性的根本表现，就是能够允许社会生产力以旧社会所没有的速度迅速发展，使人民不断增长的物质文化生活需要能够逐步得到满足"。邓小平先用了五年的时间论证了社会主义可以搞市场经济，又用了五年的时间指出社会主义和市场经济不存在根本矛盾，1985年10月，邓小平在回答市场经济与社会主义的关系时强调："多年的实践证明，只搞计划经济会束缚生产力的发展。"只有将计划经济和市场经济统一起来，才能解放生产力。邓小平在南行谈话中，进一步提出"计划和市场二者都是经济手段"的观点，应吸收借鉴世界先进的经营和管理方法。最后，邓小平坚持以经济建设为中心，综合农业与工业、积累与消费等各个方面比例的平衡，力求实现经济发展在速度、效益、质量方面的统一，呼吁"一定要首先抓好管理和质量，讲求经济效益和社会效益"，只有这样，经济增长才够硬。以上系列论述体现了邓小平在坚持解放和发展社会生产力的同时，注重国民经济内部的稳定协调发展，强调经济发展的质量，丰富了马克思主义的理论宝库。

20世纪90年代，国际形势发生巨大变化，苏联解体、东欧剧变，国内经济面临着高速生产和重复建设、经济结构不合理、经济速度与效益失衡、生态环境破坏等问题。江泽民坚持问题导向，应用马克思主义基本原理于中国改革开放的实践中，从体制上审视经济发展问题，确立社会主义市场经济体制的目标，从发展方式入手，力求新突破，探索集约型增长之路，从战略高度上寻找经济发展新路径，实施科教兴国战略、可持续发展战略、西部大开发战略，对经济发展目标、发展方式、发展战略等方面作出了新的概括和总结，深化了经济发展思想。

首先，确立社会主义与市场经济体制相结合的改革目标。党的十四届二中全会上江泽民倡导加快经济发展必须继续深化改革，"努力探索建立社会主义市场经济体制的具体路子"，这条路的大致方向是充分发挥市场在资源配置中的基础性作用，并加强国家宏观调控，促使国民经济更好发展。

其次，提出转变经济增长方式，注重经济效益的提升。江泽民在党的十四届三中全会讲话中指出，发展必须有新思路，抛弃盲目的扩大投资规模、追求产值的粗放之路，转向经济效益为中心的发展轨道。1994年11月的中央经济工作会议,经济发展战略的核心内容和主要课题是推进经济增长方式转变,整个经济的良性循环的根本要求是粗放经营为主转向集约经营为主。

党的十四届五中全会上江泽民提出"两个根本性转变"战略任务:一是经济体制从传统到现代的转变。二是经济增长方式从粗放到集约的转变,从以增加投入、铺新摊子、追求数量为主导,转到以科技进步和提高劳动者素质为主导的地位上来,走出一条既有较高速度又有较好效益的国民经济发展路子。而转变经济增长方式从根本上要靠全面深化体制改革,构建资源节约、消耗降低、效益增加的企业经营机制,构建自主创新的技术进步机制,构建市场竞争公平、资源配置优化的经济运行机制。三是实施科教兴国战略和可持续发展战略。科教兴国战略是以科技进步、提高劳动力素质来进行经济建设,主张教育优先发展,并把科技和创新摆在更重要的位置,彰显了"教育"和"科技"的战略地位,明确了经济发展质量和效益提高的路径。党的十四大以后可持续发展战略的提出,先后围绕此主题召开会议。江泽民在第四次国家环境保护会议上指出:"不能以浪费资源和牺牲环境为代价,任何地方的经济发展都要注重提高经济发展的质量和效益,注重优化结构,坚持以生态环境良性循环为基础。"可持续发展的目标是实现代内、代际的公平消费。1999 年 3 月江泽民指出,必须在保持经济增长的同时,限制人口增长,注重自然资源保护和良好生态环境的维持,并认为中国要在速度和效益相统一的引导下,走出一条"科技含量高、经济效益好、资源消耗低、环境污染少、人力资源优势得到充分发挥"的较高素质的内涵型经济发展之路,使单位国民生产总值的污染排放量和资源生态损耗量降下来,这条路反映了经济发展要与资源、环境、人口和谐统一,也是对新时期经济发展道路的高度凝练。党的十六确立了"新型工业化"的思想。

最后,江泽民坚持实行对外开放,提出利用好"两种资源、两个市场",逐步缩小东部地区与西部地区、先进地区和落后地区之间经济发展的不平衡,促进地区之间协调发展,实现国民经济全面、协调和可持续发展。可以看出,江泽民关于如何加快经济发展的基本观点是对邓小平"计划经济与市场经济"关系以及"速度与效益"关系、科技与教育重要性、对外开放思想的继承与创新。伴随中国经济的快速发展,在迈入全面建设小康和社会主义现代化推进之际,新老问题交汇,矛盾积累加深,主要表现为经济发展速度和规模过快、过大,自主创新能力匮乏;人民收入水平虽然提高,但出现收入分配差距拉大的趋势;资源存在过度开发和浪费问题,环境存在污染严重问题;社会管理体制建设跟不上经济转轨带来的利益格局的变化,等等。在这一关键性的跨越式发展阶段,西方资本主导下的全球化浪潮如一把"双刃剑"起着双重作用,在向发展中国家提供贸易机会、资金和技术扶持的同时,也带来了资源、环境、内部不平等、金融风险等一系列问题。

胡锦涛根据新的社会发展要求,进而回答了新形势下该实现什么样的发展、怎么样发展的重大问题,科学发展观应运而生。科学发展是在可持续发展思想的基础上升华的,是对改革开放20多年来的实践经验进行的反思与总结。

首先,这一时期胡锦涛在可持续协调发展的基础上提出了科学发展观,深化了对经济发展的认识,认为发展不仅仅是社会生产力的发展,更是经济社会基础上的人的全面发展。胡锦涛认为发展是第一要务,但这里的发展绝不仅仅是经济增长,而是在坚持以经济建设为中心的基础上实现社会的全面发展,坚持全面、协调、可持续的发展观,坚定推动物质、政治、精神文明协调发展,坚持人的全面发展以及人与自然的和谐发展。科学发展的本质要求是从"又快又好"转变为"又好又快"。在视察河南情况的讲话中,胡锦涛强调了切实提高经济发展的质量和效益,真正使转变增长方式,提高质量、效益成为经济发展的出发点。实现经济又好又快发展的侧重点在于经济发展的质量和效益的提高,因而反映了新世纪、新阶段对国家经济发展的新要求。

其次,从"转变经济增长方式"到"转变经济发展方式"的创新,重视产业结构和需求结构的优化。从"增长"到"发展"表述的变化既是解决我国深层次矛盾的需要,也是政治经济理论进一步深化发展的需求。2003年以后,中国经济进入新一轮的上升期,国内GDP增长速度连续超出10%,同时经济长期积累的结构性矛盾仍然突出,经济增长方式粗放问题严重,投资规模增长过快,消费需求特别是居民消费需求不足,国际上要求我国减少温室气体排放的压力日益增大,大量能源消费和温室气体排放成为制约我国经济发展的瓶颈,如果再不加快转变经济发展方式,我国经济平稳较快发展的良好势头将难以长期维持下去。对此,胡锦涛于2006年12月5日在中央经济工作会议上的讲道:"实现国民经济又好又快发展,关键在转变经济发展方式、完善社会主义市场经济体制。"党的十七大报告中正式提出"加快转变经济发展方式"。这一战略关乎国民经济全局,具体内容包括从主要依靠"投资和出口"拉动经济向"消费、投资、出口"协调拉动的转变,产业结构的优化升级主要是依靠第二产业拉动经济增长转向三次产业协同带动,从物质资源消耗的增加为主到重视科技进步、劳动力素质提升、管理方式创新的转变,并提出了发展现代产业体系,包括高新技术产业升级与现代服务业产业升级的要求。

2007 年 11 月召开的贯彻十七大精神的研讨班会议中，胡锦涛进一步指出要"转变经济发展方式"，并将转变经济增长方式的全部内容纳入这一新概念，还对经济战略提出新的要求，继而深入实施西部大开发、全面振兴东北地区等老工业基地、鼓励东部地区带动和帮扶西部地区、实施自由贸易区战等战略。可见，"转变经济发展方式"是在全面把握新世纪背景下的中国经济发展概况所提出的重大方针，也是立足于中国经济发展现实所提出的重大理论，是破解新老发展难题的关键之策。

习近平在深刻总结国内外发展经验教训基础上，对马克思主义经济发展理论和实践进行了不懈探索，在探索中国特色社会主义经济建设和新时代伟大工程中，对中国经济发展阶段、发展理念、发展战略、制度创新的发展与深化作出了重大贡献，为经济高质量发展的提出奠定基础。

"发展问题说到底是理念问题，处理好中国经济发展的问题关键要有科学的发展理念。"因而为适应经济发展"新常态"，全党对革新发展观念形成新共识，习近平在党的十八届五中全会提出的五大发展理念，从根本上讲是为了引导经济朝着更高质量、更有效率、更加公平、更可持续的方向发展，具有很强的战略性、纲领性、引领性。

进入新时代，社会主要矛盾的变化对经济发展提出了新要求，习近平顺应我国经济发展阶段的变化，从战略导向上更加明确了经济发展要从"有没有"向"好不好"转变，并形成了经济高质量发展的思想。2017 年的中央经济工作会议上，习近平强调了高质量发展的现实意义，并强调继续推动高质量发展的策略。2018 年"两会"期间习近平在参加内蒙古代表团审议时提出，转型升级产业结构，并将"实体经济做实做强做优"。面临"我国经济正处在转变发展方式、优化经济结构、转换增长动力的攻关期"，习近平进一步指出，跨越这一关口必须立足于大局、着眼于长远、突出重点和关键，要构建推动经济高质量发展的体制机制。同年春季，习近平指出高质量发展与新发展理念的内在联系，并指出了高质量发展的内涵，即从数量上"有没有"转向质量上"好不好"。

习近平总书记在主持中共中央政治局就建设海洋强国研究进行集体学习时（2013 年 7 月 30 日）强调了建设海洋强国的四个基本要求，即"四个转变"。具体内容为："要提高资源开发能力，着力推动海洋经济向质量效益型转变；要保护海洋生态环境，着力推动海洋开发方式向循环利用型转变；要发展海洋科学技术，着力推动海洋科技向创新引领型转变；要维护国家海洋权益，着力推动海洋权益向统筹兼顾型转变。"2018 年,海洋强国战略目标得到进一步强化,习近平在参加第十三届全国人民代表大会第一次会议山东代表团审议时强调,海洋是高质量发展要地;要加快建设世界一流的海洋港口、完善的现代海洋产业体系、绿色可持续的海洋生态环境,为海洋强国建设做出贡献。习近平在青岛海洋科学与技术试点国家实验室考察时强调,发展海洋经济、海洋科研是推动我们海洋强国战略很重要的一个方面,一定要抓好;关键的技术要靠我国自主来研发,海洋经济的发展前途无量。这些内容是对中国海洋强国战略目标的进一步强化和提炼。

在党的十九大会议召开期间,海洋强国战略治理体系最终成形。报告指出,我国"要坚持陆海统筹,加快建设海洋强国;要以'一带一路'建设为重点,形成陆海内外联动、东西双向互济的开放格局"。[①] 即其提出了加快建设海洋强国的目标,并指明了在建设海洋强国过程中应坚持的原则和重点以及方向。

当前,海洋强国已成为我国的基本国策,将长期坚持和持续发展,未来将在关心海洋、认识海洋、经略海洋,尤其应在发展海洋经济、加快海洋科技创新步伐方面,采取措施并在发挥其作用上积极施策和谋划,即应切实实施中国海洋强国战略治理体系。这样才能加快实现中国海洋强国战略终极目标——构建人类命运共同体视域下的海洋命运共同体。[②]

鉴于海洋问题和海洋事务的综合性和复杂敏感性,习近平新时代中国特色社会主义外交思想所蕴含的原则和精神以及国家治理体系及治理能力现代化所包含的新发展观、新安全观、新合作观、新文明观、新生态观和新治理观完全契合海洋的本质,构成习近平新时代中国海洋强国战略思想的核心,并为构筑人类命运共同体视阈下的人类海洋命运共同体提供参考和指导。

为此,人类海洋命运共同体含义下的中国海洋强国战略目标及愿景可界定为:在政治和安全上的目标是,不称霸及和平发展,即坚持总体国家安全观和新安全观,坚决维护国家主权、安全和发展利益;在经济上的目标是,运用新发展观发展和壮大海洋经济,共享海洋空间和资源利益,实现合作发展共赢目标。其对外的具体路径是通过构筑新型国际关系运用"一带一路"倡议尤其是 21 世纪海上丝绸之路建设进程。其对内的具体路径为坚持陆海统筹,发展和壮大海洋经济;在文化上的目标是,通过弘扬中国特色社会主义文化核心价值观,建构

①　习近平.决胜全面建成小康社会 夺取新时代中国特色社会主义伟大胜利——在中国共产党第十九次全国代表大会上的报告[D].北京:人民出版社,2017.
②　王曙光等.韬海论丛(第一辑)[M].青岛:中国海洋大学出版社,2020:8-12.

开放包容互鉴的海洋文化；在生态上的目标是，通过保护海洋环境构建可持续发展的海洋生态环境，实现"和谐海洋"倡导的人海合一目标，进而实现绿色和可持续发展目标。换言之，上述目标和价值取向是实现人类命运共同体视域下的海洋命运共同体之愿景，即海洋命运共同体是实现"和谐海洋"理念和中国海洋强国战略的终极目标和最高愿景。[①]

3.3　中国海洋经济高质量发展的实践逻辑

中国在高速增长阶段，经济发展取得巨大成就，创造了中国奇迹，在此期间西方国家和新兴经济体正处于黄金增长期，有效需求的释放使中国享受到了改革开放的红利，但是世界金融危机的降临打破了西方国家的黄金增长期，多米诺效应持续释放负能量，中国经济同样受此影响，出现了产能过剩、出口缩减、企业和政府负债率高等问题。从中国经济发展实际看，低成本优势逐步削弱、能源资源约束更趋强、消费需求发生新的变化，以要素驱动为主的发展道路和高耗能延续的发展方式难以为继。唯有使效率、动力、质量作出根本性改变，将传统的以消耗资源能源、牺牲环境生态、增加要素投入为特征的粗放式增长方式转变为依靠科技创新和劳动者素质提升为特征的高质量发展方式，才能从追赶借鉴型经济体走向引领型经济体。

3.3.1　依靠要素粗放投入的增长模式时代结束

改革开放以后，资源、劳动、资本等生产要素对中国经济增长发挥了巨大作用。1978—2012 年劳动要素对经济增长的平均贡献为 5.75％，特别是"1986—1990 年，劳动要素对经济增长的贡献份额高达 54.2％"，中国利用庞大的劳动力数量优势和超低成本优势，形成以房地产为主的投资拉动和加工业为主的出口导向两大经济增长动力，与劳动要素贡献率相比，资本要素贡献份额占据主导，"1982—2016 年，资本的平均贡献率达到 35％，劳动力贡献率为 22％"，资本要素投入成为经济高速增长的主要动力。

经济学十分清楚地解释了随着要素投入数量的不断增加，达到临界点之后社会生产就会发生规模报酬递减，甚至出现负面效应。高速增长下的中国经济

---

① 中华人民共和国国民经济和社会发展第十三个五年规划纲要[D].北京：人民出版社，2016.

主要是依靠劳动力价格优势制胜,长期的价格优势制约了低工资劳动力的消费力与购买欲,而高投资缺乏市场吸收,进而在产业链的低端环节引发局部性或全局性生产过剩,伴随中国劳动力成本的上升,必将面临实体经济利润率下降、经济脱实向虚的风险,以及国外资本转向其他成本更低国家的风险。继 2011 年我国 15~64 岁劳动年龄人口跨过 10 亿,2013 年达到峰值之后开始下降,人口结构发生的变化使得南方地区出现用工荒现象,一些外商加工贸易企业甚至转移搬迁到柬埔寨、越南等劳动力低成本国家,这样的趋势要求物质资源必须越用越少,科技和人才要越用越多。在同样依靠高强度资本投入的高速增长阶段,中国进行大规模的开发建设,自 2003 年维持在 40% 以上的较高投资率,高于世界平均水平近 20 个百分点,伴随高投资率的同时是投资效率的降低,2008—2016 年,中国投资率先上升后趋于平缓(图 3.1),同一时期增量资本产出率呈现出同样的上升趋势(图 3.2),"2015 年达到 7.2,是 2007 年的 2.2 倍"①,而发达国家的数值一般为 2~3,单位 GDP 增量需要增加投资的数值越大说明经济效率越低,显然中国投资效率出现了问题。由此,支撑实体经济的成本优势正逐步减弱,要素价格持续上升,迫切要求要素投入产出效率和配置效率提高。

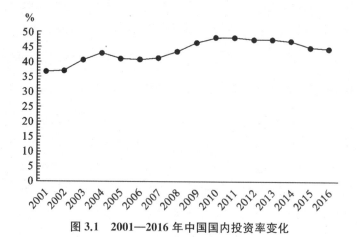

图 3.1 2001—2016 年中国国内投资率变化

<hr />

① 国际比较研究院.2017 新动能新产业发展报告[M].北京:中国统计出版社,2017:09.

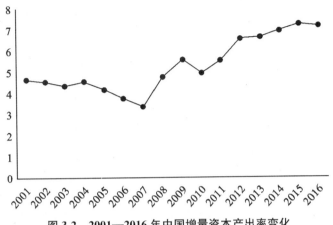

图 3.2　2001—2016 年中国增量资本产出率变化

　　低技术产品逐渐丧失由大规模产量带来的优势,以外源技术为基础的经济增长速度随着低成本优势的消退而放缓,进入这一发展特点的时期,需要加快由外源技术向自主研发的更替。南美的巴西就是在外源技术型经济增长优势逐渐消退的时候,人力资源和自身研发能力没有及时得到充分发展,社会劳动率增长缓慢最终影响经济的转型升级。这体现在 1961—2015 年,巴西人均 GDP 的负增长。我国正是吸取了巴西,也就是著名的"拉美陷阱"的教训,抓紧时间和机遇,强调人力资本和自主研发在经济发展中的重要性,实现经济发展方式的有序、平稳转变,避免了像拉美地区多国在外源技术型经济增长后期出现的增长动力不足、经济结构不平衡、社会矛盾激化等问题。中国经济持续增长离不开对经济发展方式的正确选择和时间节点的准确把握。生产要素工序结构形式变动、生态环境保护约束机制强化,传统生产要素大规模、高强度、资源利用配置效率低下、生产要素粗放使用的落后发展模式已经严重制约了我国经济适应国际市场竞争、满足国民生产生活发展、实现大国地位确立的目标实现。

　　投资引领的驱动发展模式随着经济生产的发展变化逐渐降低。过度投资不仅面临边际效应降低的问题,还有可能存在一些矛盾和隐形的风险。随着基础设施水平提升和物流运输技术发展以及一些以新产品、新商业形式所呈现出来的新的投资机会的大量涌现,必然对实体经济提出新的要求,更加依靠内生创新驱动的引领作用。这是因为物质资源是有限的,没有技术进步的条件下,只有在一定的限度内,增加生产要素的投入才能带来单位要素产出效益的提高,一旦超出这一限度,生产要素报酬递减规律就会使资本带动经济增长到下一个停止点,不仅单位要素的贡献会大大降低,总产量也会呈下降趋势,而创新和技术进步能够提高生产要素的边际生产力,从而产生对其他要素的替代效应,进而影响生产函数,因而导致相同的投入要素数量,却可以产出比以前更多和更好的产品。

举例来说,日本在 20 世纪 50—70 年代虽然投资率高但并没有出现资本边际产出递减的情况,这一现象源自需求和技术在日本保持低资本—产出率中起到的决定性作用,以相对少的资本获得相对多的产出,保证了投资效率。由此,资本、自然资源、劳动力要素的一味投入不能解决经济发展中的"生产要素报酬递减和稀缺资源瓶颈"问题,要使经济增长持续,就必须加强科技研发创新,改善要素生产效率,进而提高全要素生产率及其对经济增长的贡献,从而持续保持中高速增长。

中国经济增长速度从高速向中高速转变,已经说明过去依靠要素投入带动经济发展的时代正走向尾声。新的经济发展周期延续扩大产能来实现增长的道路已经被市场所抛弃,在经济下行压力持续加大和转型发展需求迫切的时代背景下,新旧动能转换推动经济高质量发展是大势所趋。

新科技带动新产业,科技实力和创新能力、人力资本已经成为全球市场竞争中的抢占点,由此衍生出的产业新动力、新技术、新业态、新模式都会如雨后春笋般蓬勃而出,能否掌握核心技术成为企业抢占蓝海市场的决胜关键,选择高附加值的产业,才能实现可持续发展。未来需要注重涉海企业生态建设,一是要避免资源高消耗、产能低输出、市场盲扩张等问题,注重科学技术带来的新生产力在企业生产发展中的应用,适应经济发展新需求;二是未来的涉海企业将不再是经济浪潮中的孤岛,而是产业相互关联、注重上下游生产延续的企业群岛或者企业长滩,能够联合起来应对来自各个市场层面的经济风险,也能够实现产能叠加和资源优化配置。这是真正能够为中国经济发展、产业升级和新旧动能转换作出实质贡献的实践方法,是靠自身的强大实力走出中等收入陷阱的必经之路。亚洲的日本和新加坡在 20 世纪对欧美发达国家经济追赶中积累的丰富的历史经验可以佐证这一点。这些国家通过自身产业结构优化来实现资源高效配置,淘汰落后产能和截断无效投入,以科技创新带动国家经济发展,在生物、信息和新材料等领域投入巨大的人力、物力和财力,创新企业管理思路提升自身实力,促进产业升级,最终凭借自身力量逐步走出中等收入陷阱。反面的例子则是拉美国家在中等收入陷阱中泥足深陷,对科技创新和产业升级不敏感、不关注,最终导致世界经济市场开始新阶段的时候无法适应发展特性,产业结构落后,生产技术滞后,国家和地区的经济增速最终停滞不前。

纵观世界市场发展变化历史,任何一个国家的经济高增速和产业高发展都离不开科学技术和先进产能的推动,海洋产业更是如此。海洋经济的发展对人才和科技的需求更大、更直接,从初级阶段就已经是质量型发展。中国虽然在上一轮产业升级中敏锐地抓住了机会,但是不代表现阶段的高质量发展就能完美通过,加快实现驱动角色转变,全面加大科学技术在人民生产生活中的广泛应用,为中国开辟一条全新的发展路径是题中之意。

高质量发展不仅需要从上层实现战略长远、目标明确、科技含量高、人才密度大的规划制定;还需要中、下层从自身产业转型、动能提升、科技创新和价值增长上下功夫,自上而下的鼓励引导和由内而外的破茧重生相结合。

历史经验表明,欧美发达国家的经济增长都是先经历了早期劳动密集型、生产粗放型阶段,由投资拉动的数量型增长发展到后工业化时期由技术密集型、生产集约化的科学技术带动的质量型增长。发展中国家的经济增长路径也必须结合自身国民经济基础、生产发展水平,抓住机遇平稳顺利地向质量型经济增长迈进。拉美地区在时机的把握和对科技发展的重视程度上都有所欠缺,在要素成本不断上升、要素报酬边际效益不断下降的关键阶段没有及时推动产业转型,从而导致后来的一系列危机和经济隐患。巴西就是这样一个典型,其传统动能发展到一定阶段后劲不足却并没有认识到人力资本和科技创新在经济发展中的主导趋势,从而经济实力逐年衰落。

中国在经历改革开放和经济高速增长的 30 年后迈入世界中等收入国家的门槛,工业化进程也逐渐进入中后期。传统动能后劲不足,工业制造资源消耗大、利用率低,工业产品附加值不高、产业发展链条短暂等问题都在向社会各个层面揭示产业升级、新旧动能转换的时机已经成熟,中国经济需要开启质量型、高产出、低消耗、生命周期长的新发展阶段。而且,长期的产量型生产对环境的消耗和生态系统的破坏都将阻碍未来可持续发展。2008 年,中国生态环境退化成本达到 12736.6 亿元,占国内生产总值的 4.2%,其中环境污染成本和生态破坏损失分别达到 8947.5 亿元、3789.1 亿元,分别占生态环境总损失的 70.3%、29.7%,和 2004 年相比,环境退化成本增长 74.8%,表明了高速增长下的中国面临着日益恶化的生态环境问题,揭示了经济发展的环境代价。过度消耗自然资源、以环境污染为代价的经济高增长不可持续,增长条件不能再复制,也不再具备高增长的客观条件,如果继续依靠要素投入的粗放型经济增长方式,将难以实现更高层次的持续发展。"经济发展阶段不同,要解决的问题不同,经济发展的目标也是不同的。"进入新的发展阶段,党和国家适时调整发展战略目标,确立了经济的高质量发展这一目标,实际上就是要彻底改变原来主要依靠要素投入、数量的外延式增长,构架以科技创新驱动、人力资源投资以及大数据等新型要素投入为主的生产函数阶段,从以"铺摊子"为主的高投入的粗放型发展向"上台阶"为主的高效率的质量型发展转变。

3.3.2 创新、可持续的高质量海洋经济发展时代开启

改革开放前,我国生产力相对落后,物质资料贫乏,人民生活水平较低,促进经济发展、实行改革开放、改善人民物质生活质量就成了首要任务。现在,经过30多年的经济发展,社会物质文明建设取得了巨大进步,物质资料极大地丰富了人民的生产生活,资本存量也实现了质的飞跃。

海洋经济是人类未来生存发展的新领域,这一领域的开发建设需要雄厚的资本支持和强大科学技术支持,中国在历经改革开放几十年后已经具备了开启海洋发展的物质基础和科学基础;人民生活逐步完善,生活水平不断提高,海洋活动逐步增加为海洋经济发展打好群众基础;中国海域辽阔海岸线漫长,海洋资源丰富为海洋经济的纵深发展提供了广大空间。凭借国家经济高质量发展的东风,海洋经济在建设初期就以质量型发展为目标,遵循高质量发展要求,建设需求主导、科技保障、有序开发、政府监管的中国特色海洋经济。

特殊的情况是,由2019年底爆发的新冠疫情造成的世界范围内经济发展停滞和各产业不同程度的损失,让世界市场一度低迷,其程度比上一次经济危机造成的损失更为巨大。在世界市场由于全球范围内的疫情失控、经济复苏艰难的时刻,中国庞大的国内市场和消费能力成为我们珍贵的发展机会,加快科研脚步、加快产业转型升级、推动海陆经济双高发展是实现中国大国影响力的重要物质基础,是代表亚洲新兴经济体推动世界格局变化的重要助力。

粗放型经济生产出来的"大批量、同质性"产品,并不能满足高质量阶段人民高端的需求,难以满足人民美好生活的需要,海外代购市场持续升温从侧面说明了这一点,"2016年我国奢侈品消费近80%发生在境外,'弱品质'成为我国高端购买力严重外流的主因",充分说明中国必须紧抓时机,更加重视供给质量的提升,积极促成事物质的提升。

中国工程院、相关国家部委于2013年联合进行的制造强国战略研究中,对多个国家的制造业综合指数用规模、结构、质量、创新四个一级指标进行了排名,结果显示,规模指标在中国制造业综合指数空间最大,结构优化居第二位,创新能力第三,质量和效率成为中国制造业综合指数的最大缺口。面对激烈的国际竞争环境,以及国内消费者需求变化的新阶段,质量的要求进一步提高,如

果没有优质的产品,仅凭数量扩张和价格优惠并不能争夺更高端的市场,中国是无法与世界发达国家进行实力抗衡的,也无法满足人民群众的多样化、个性化、高端化需求,因此消费需求结构的升级迫使中国只能选择经济高质量发展。只有经济高质量发展,才能提供更多优质产品和服务,才能真正实现经济发展方式的转变。只有突破事物旧有的性质才能推进事物向前发展,才能完成"质量追赶"目标,填补"质量缺口",这就要求社会劳动更多地投向产品的精细化和多功能完善等方面,在质量方面下大力气,从机械化的标准型产品转向设计不同的差异型产品,从"有没有"向"好不好"转变。

3.4　创新思路迈入海洋经济发展新阶段

在新的历史征程中,我国的海洋政策应以习近平新时代中国特色社会主义思想为指导,全面贯彻党的十九大和十九届二中、三中全会精神,紧紧围绕统筹推进"五位一体"总体布局和协调推进"四个全面"战略布局,贯彻创新、协调、绿色、开放、共享的发展理念。以加快建设海洋强国为目标,以保障国家区域协调发展战略需求、保障自然资源供应安全、保障海洋生态安全、促进海洋经济高质量发展为导向,坚持陆海统筹,坚持节约优先、保护优先、自然恢复为主方针,构建海洋命运共同体。

当前,我国经济发展速度、结构和发展动力都已经进入新时代,这为海洋经济的蓬勃兴起和迅速发展打下了坚实基础,同时也是对海洋经济、海洋产业的发展打造了更高的起点。党的十八大以来,以习近平同志为核心的党中央着力推进海洋强国建设,提出一系列新理念新思想新战略,出台多项重大方针政策,组建自然资源部统一海洋资源管理。中国的海洋强国建设工作稳步推进,取得了不俗的成绩,同时仍面临着国内外的诸多问题,机遇与挑战并存。在今后一个时期,需着力围绕加快海洋强国建设、实现强国富民战略目标、构建海洋命运共同体来不断调整和完善国家海洋政策。

3.4.1　坚持海洋发展原则,依海强国富民

中国特色的海洋强国建设以实现利用海洋强国富民为主要任务,围绕党的十八大和十九大的总体部署,按照"两个一百年"奋斗目标,结合中国国情及社会经济发展的时代背景,坚持陆海统筹原则、可持续发展原则、科技创新引领原则、和平利用与合作共赢原则。从发展海洋经济、保护海洋生态环境、发展海洋

科学技术和维护国家海洋权益等方面部署任务。

坚持陆海统筹原则。统筹陆地与海洋的战略地位,统筹陆地与海洋协调发展,统筹陆地和海洋资源开发利用,统筹陆地与海洋的整体保护,正确处理沿海陆域和海域空间开发关系,形成陆域和海域融合的新优势。

坚持海洋可持续发展原则。坚持以可持续发展原则指导各项海洋事业,建设繁荣海洋、健康海洋、安全海洋、和谐海洋。坚持海洋资源开发利用节约优先、保护优先、自然恢复为主的方针,促进海洋经济高质量发展、海洋资源统筹管理、海洋生态环境保护、海洋科技教育进步和海洋社会公共事业的建立,加快实现海洋经济高质量发展。

坚持科技创新引领原则。进一步集聚海洋科技创新要素,有效整合科技创新资源,壮大海洋科技人才队伍,完善海洋科技创新体系,增强自主创新能力,使海洋科技成为支撑和引领海洋事业快速发展的重要驱动力。

和平利用与合作共赢原则。构建海洋命运共同体,坚持海洋和平利用、合作开发与保护,实现互利互惠。坚持合作共赢原则,努力寻求与他国的利益汇合点。与国际社会共同分担保护海洋、防止海洋资源破坏和环境退化的责任和义务,共同促进世界海洋的可持续利用。

提高海洋资源开发利用和保护能力,奠定海洋强国建设的物质基础。将海洋作为高质量发展的战略要地,着力推动海洋经济向质量效益型转变,努力推动海洋资源开发利用,为国家能源资源安全、食物安全和水资源安全作出更大贡献。建立国家海岸带管理协调机制,统筹海岸带地区发展事项,协调解决重大问题。

加强海洋生态环境保护与修复,建设人海和谐的美丽家园。着力推动海洋开发方式向循环利用型转变,以最严格的制度、最严密的法治为海洋生态文明建设提供可靠保障。坚持陆海统筹,控制陆源污染物入海,构建以海洋保护区为主体的海洋自然保护地体系。

以创新为动力加快海洋科技发展,推动海洋科技向创新引领型转变。国际海权竞争的核心是以科技为支撑、创新为动力的硬实力之争。要依靠科技进步和创新,提升我国海洋开发能力,努力突破制约海洋资源开发利用和海洋生态保护的科技瓶颈,推进海洋高质量发展。

完善海洋产业政策,优化海洋产业布局。制定海水综合利用与海水淡化产业发展政策,制定海上风电离岸深水发展政策,制定海洋能发展路线图,制定滨海核电、钢铁、化工产业集聚布局的强力措施。

提升海上综合实力,维护国家海洋权益。坚持把国家主权和安全放在第一位,坚持维护国家主权、安全、发展利益相统一,维护海洋权益和提升综合国力相匹配。坚持军民融合发展,提高海洋综合实力,做好应对各种复杂局面的准备。

3.4.2　推进务实合作,谋求互利共赢

全球海洋具有连通性,海洋事务具有国际性。中国的海洋事业以海上丝绸之路倡议和海洋命运共同体理念促进海洋国际合作,充分体现和诠释了全球格局、国际视野和大国担当精神。习近平总书记强调,海洋孕育了生命、联通了世界、促进了发展。我们人类居住的这个蓝色星球,不是被海洋分割成了各个孤岛,而是被海洋连结成了命运共同体,各国人民安危与共。70 年来,中国在国际海洋事务中坚持和平利用海洋、合作处理海洋国际事务的政策,认真履行国际海洋法规定的义务,积极参与联合国海洋事务,积极参与并推动国际海洋科技、生物资源和环境保护等领域的双多边合作,有效维护了我国在全球的海洋利益,提升了我国在全球海洋治理中的贡献和影响力。

建设新型海洋强国是宏观战略运筹,与中国和平发展、构建海洋命运共同体的主张高度一致。中国建设海洋强国不仅是为了维护国家利益,也是为了维护世界和平,应对全球性海洋问题和挑战。

继续推动互联互通伙伴关系,形成陆海内外联动、东西双向互济的开放格局。以"一带一路"建设为重点,加强海上通道互联互通建设,构筑互利共赢的国际合作机制和互助互利的伙伴关系,拉紧相互利益纽带,增进我国与"21 世纪海上丝绸之路"沿线国家的睦邻友好互信,打造"利益共同体、责任共同体、命运共同体",维护我国负责任大国的形象和地位。

深度参与全球海洋治理体系建设,构建海洋命运共同体。中国高度依赖海洋的开放型经济形态,决定了全球海洋秩序的构建和运用关乎国家重大利益。特别是在极地和深海等战略新疆域要积极作为、把握主动,既体现国际事务中的大国担当,又提高国际海洋事务参与度和话语权,有效维护和拓展国家海洋权益。要深刻认识全球治理的发展态势,积极参与构建公平合理的国际海洋秩序,倡导在多边框架下解决全球性海洋问题,尊重彼此海洋权益。

海洋政策既要反映时代需求又要适度超越时代的发展阶段,体现全局性、适应性和前瞻性。我国的海洋政策在指导海洋事业取得重大成就的同时,仍需在海洋资源开发与保护、海洋生态文明建设、海洋经济高质量发展、海洋科技创新驱动等领域不断探索完善,为实现"两个百年"奋斗目标、为实现中华民族伟大复兴的中国梦作出更大贡献。

第 4 章　海洋经济高质量发展
方略与制度建设

中国是世界上人口最多、地域辽阔、海岸线漫长、城乡区域发展不平衡的经济大国。在这样一个复杂的环境下推动海洋产业经济、海洋区域经济、海洋国际经济等中观层面的经济建设高质量发展是我国经济高质量发展方略和制度建设中的重要部分。本章尝试研究我国海洋产业经济、海洋区域经济和海洋国际经济之间的高质量发展战略和制度建设。目的是为海洋制造业转型升级、海洋渔业集约化发展和海洋现代服务业进程升级；推动区域经济一体化、新城镇化等高质量建设进程提供思路；助力构建海洋区域经济协调发展机制，重视"一带一路"倡议国际经济建设实践，积极参加全球海洋市场竞争。

4.1　海洋产业高质量发展瓶颈

海洋产业高质量发展不仅是国民经济高质量发展的重要组成部分，还是国家实现粮食安全、向海而生的重要实践准则。推进海洋产业经济高质量发展，必须结合海洋经济特点深入研究产业发展演变规律，把握当前海洋产业经济发展面临问题，紧跟全球海洋产业创新升级趋势，全面实施海洋产业高质量发展战略，持续推进海洋制造业现代化、海洋渔业集约化、现代海洋服务业建设。

4.1.1　海洋产业高质量发展面临的主要问题

海洋产业高质量发展是国民经济高质量发展的重要组成部分，也是实现我国经济现代化发展的根本路径，实现陆海统筹的实践重点。当前，我国海洋产业经济运行面临的突出矛盾和问题主要有海洋产业内部结构性问题、涉海产业经济结构性问题、海洋金融和涉海产业经济问题等。

深刻把握产业经济发展规律与趋势。海洋产业高质量发展遵循国民经济三次产业关系协调及其结构优化升级规则,是国民经济高质量发展在中观层面的重要体现,也是实现我国海洋经济高质量发展的根本路径。海洋制造业、海洋渔业、海洋现代化服务业和其他潜力产业的统筹、协调发展都离不开这一指导思路。未来涉海产品和海洋产品的发展会走一条科技含量高、产品附加值高、生产精细化和生命周期长的高质量发展之路。

海洋三次产业的分布情况统计数据显示,2019 年全国海洋生产总值 89415 亿元,比上年增长 6.2%,海洋生产总值占国内生产总值的比重为 9.0%,占沿海地区生产总值的比重为 17.1%。其中,海洋第一产业增加值 3729 亿元,第二产业增加值 31987 亿元,第三产业增加值 53700 亿元,分别占海洋生产总值的 4.2%、35.8% 和 60.0%,见图 4.1。

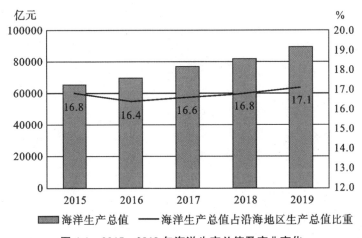

图 4.1　2015—2019 年海洋生产总值及产业变化

2019 年,我国主要海洋产业保持稳步增长,全年实现增加值 35724 亿元,比上年增长 7.5%。滨海旅游业、海洋交通运输业和海洋渔业作为海洋经济发展的支柱产业,其增加值占主要海洋产业增加值的比重分别为 50.6%、18.0% 和 13.2%。

4.1.2　我国海洋产业高质量发展三大结构矛盾

当前我国海洋产业高质量发展所面临的问题,虽然有周期性、总量性因素,但主要是产业结构失衡导致的。概括起来,主要表现为三大关系:海洋三次产业内部结构性问题、涉海实体经济结构性供需问题、海洋金融和涉海实体经济问题。

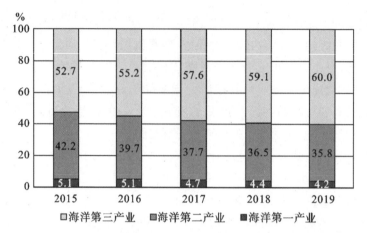

图 4.2 　2015—2019 年海洋三次产业增加值占海洋生产总值比重

海洋第一产业内部结构性失衡问题。海洋第一产业,目前主要是指海洋渔业及相关产业依然存在着生产模式落后、生产效率较低、海产品市场供需不对称等问题。海洋第二产业内部结构性问题,主要是传统海洋制造业产能过剩、产业水平处于全球价值链低位、核心技术不掌握、生产管理方式粗放、资源环境生态成本大等问题。海洋第三产业内部结构性问题,主要是指涉海服务业整体质量偏低、服务设计结构不合理、涉海服务企业水平不高、海洋服务型产品设计落后、盈利能力偏弱、国际贸易水平低等问题。

涉海实体经济结构性供需问题。中国涉海实体经济近几年发展迅速,供给体系产能不断增长,但是整个市场目前还是以中低端、粗加工、低价格的初级商品为主,对于日益升级的国民层次丰富、品质优异、设计复杂、应对多样的消费需求还难以满足。消费结构升级,对于涉海产业在国际贸易方面的出口需求和投资需求都相对下降,供给结构和产品设计都面临淘汰。更大的问题是,面对全球人口老龄化问题,劳动年龄人口与非劳动年龄人口比重逐年降低,中等收入群体不断增长等,涉海产业供给体系并没有能够敏锐地做出改变,最终导致供需严重失衡。

海洋金融和实体经济的结构性问题。随着金融业在国民经济中的比重快速上升,海洋金融也逐渐进入民众视野之中。但是由于海洋金融专项服务要求比较高、海洋金融产品设计滞后、海洋金融产品种类较少等问题,增加的海洋专项资金很多没有进入涉海实体经济领域。金融是产业企业赖以发展的重要支撑要素,是涉海实体持续发展的保障,海洋金融和涉海实体之间存在的结构性问题一定程度上阻碍了涉海实体的高效运行和海洋经济的快速发展。

4.2　海洋重点产业高质量发展建设策略

海洋重点产业是海洋经济高质量发展的根本,是实现我国海洋经济市场化、国际化、可持续的重要物质载体。加快推动海洋重点产业的现代化建设,助推海洋重点产业高质量发展,必须坚持市场化原则、可持续发展理念,遵循现代化发展规律,

4.2.1　海洋渔业产业发展需求与趋势

海洋渔业产业是我国海洋经济中发展历史最长的一个部门。作为传统海洋经济部门,在现阶段以高科技、高效率、低消耗、可持续、智能化的发展趋势中,管理方式和生产方式都急需变革。在渔业资源修复、水域管理保护、养殖增殖管理等方面都将会以更精准的大数据服务和人工智能服务来实现高附加值、高产能的产业管理,从技术上为海洋渔业产业升级提供重要保障。要从三方面平稳实现过渡:一是做好传统粗放型生产与现代集约生产之间的平稳过渡;二是实现传统渔业产业管理体系向高新科技、人工智能管理模式的平稳转换;三是引导传统海洋渔业无序化竞争向抱团作战的市场竞争转变。

加快构建现代海洋渔业产业体系。推动海洋渔业集约化发展,做好现代化海洋牧场建设,以现代化海洋牧场建设为核心,带动整个海洋渔业产业向生态化、装备化、立体化、纵深化发展。海洋渔业的核心是海水养殖产业,但是围绕海水养殖相关的育苗、水质管理、贝藻养殖、冷热水团开发等辅助产业都需要科技实用化、管理智能化,以产业链为单位进行整体升级,而不是单枪匹马单独作业。利用大数据预测监管和智能平台技术,在气象预测、水体保护、安全生产、生态稳定方面逐步提高生产水平,稳步迈进中国海洋渔业高质量发展阶段。

4.2.2　海洋制造业升级的发展规律与趋势

海洋制造业升级是由传统的高消耗、高污染和高投入为特点的海洋制造业,向环境污染少、资源消耗低、科技含量高、人才比重大的方向发展。海洋制造业升级要求加大信息化投入,以此带动海洋制造业快速发展,两者相辅相成、循环推进。海洋制造业的高质量发展布局,是保障中国海洋经济高质量发展的物质载体,是实现沿海 11 省区市城镇化升级、市场化创新、国际化推进的重要

驱动力,是海洋强国战略的实践力量。

举例来说,我国海洋工程装备制造业发展取得了长足进步,特别是海洋油气开发装备具备了较好的发展基础,年销售收入超过 300 亿元人民币,占世界市场份额近 7%,在环渤海地区、长三角地区、珠三角地区初步形成了具有一定集聚度的产业区,涌现出一批具有竞争力的企业(集团)。目前,我国已基本实现浅水油气装备的自主设计建造,部分海洋工程船舶已形成品牌,深海装备制造取得一定突破。此外,海上风能等海洋可再生能源开发装备初步实现产业化,海水淡化和综合利用等海洋化学资源开发粗具规模,装备技术水平不断提升。

但是,与世界先进水平相比,仍存在较大差距,主要表现为:产业发展仍处于幼稚期,经济规模和市场份额小;研发设计和创新能力薄弱,核心技术依赖国外;尚未形成具有较强国际竞争力的专业化制造能力,基本处于产业链的低端;配套能力严重不足,核心设备和系统主要依靠进口;产业体系不健全,相关服务业发展滞后。

海洋制造业的高质量发展需要把握好三组关系。首先,海洋高新技术和传统海洋工业技术。既要又好又快地发展、引进、推广适应世界海洋经济发展需求的创新科技,又要重视原有海洋传统工业技术的更新迭代和改组改造,促进两者新旧融合、共同提升。其次,资金技术密集型海洋产业和劳动密集型海洋产业。我国目前的经济水平已经为海洋经济发展打下坚实基础,发展资金技术密集型海洋产业不仅能够快速提高产业水平,还能有利于我国海洋产业国际竞争力的形成,同时,劳动密集型产业也要不断升级,适应变化的市场需求和缓解就业压力。再次,虚拟经济和实体经济。充分发挥虚拟经济对国民经济的积极促进作用,又要防止和化解其消极影响,稳步推进新型工业化高质量发展,进而推进经济高质量发展。

新时代加快推进我国新型工业化高质量发展,海洋工业现代化必不可少。必须以新发展理念为指导,遵循现代工业化发展升级规律,大力建设现代化产业体系,大力实施现代制造业强国战略,大力推进战略新兴产业现代化。

加快建设现代化海洋工业产业体系。我国经济进入工业化高质量发展新时代,无论是自身现代化进程需要,还是国际经济竞争环境所迫,都要求我国加快转变经济发展方式,改造落后产业促进新兴产业,推进海洋工业产业体系的结构性改革和科技投入,加快构建创新能力强、品质服务优、协作紧密、环境友好的现代海洋产业新体系。发展海洋高新技术产业,促进产业融合、产业链条延长,加快海洋信息、海洋生物、海洋新材料、深海能源等产业发展。加快海洋基础设施建设,推动海陆空无缝衔接综合运输体系的构建。

提升海洋战略新兴产业在国家战略新兴产业中的支撑作用,推进实施战略性新兴产业发展行动,包括新一代信息技术产业创新、生物产业倍增、空间信息智能感知、储能与分布式能源、高端材料等方面;培育发展海洋战略性产业,加快立体化战略建设,在空天海洋、信息网络、海洋生命科学、海洋能源技术等领域,培育一批战略性产业;构建海洋战略新兴产业发展新格局,支持产业创新中心、新技术推广应用中心建设,支持创新资源密集度高的沿海城市发展成为新兴产业创新发展策源地;完善新兴产业发展环境,发挥产业政策导向和促进竞争功能,构建有利于新技术、新产品、新业态、新模式发展的准入条件、监管规则和标准体系。

4.2.3 现代海洋服务业高质量发展建设思考

现代海洋服务业高质量发展是国民经济高质量发展的重要组成内容,现代海洋服务业高质量发展,必须以市场为取向,以企业为主体,以技术进步为支撑,大力优化升级服务业结构,提高服务业的整体素质和国际竞争力。

深刻认识现代海洋服务业发展的规律与趋势。现代海洋服务业发展是海洋经济第三产业质量和效益不断提升的发展演变过程。纵观海洋经济发达国家产业经济发展演变规律,现代海洋生产型服务业和现代海洋科技型服务业,已经成为现代海洋经济增长与发展后劲的重要体现,伴随着人类的社会经济活动向海洋迈进,现代海洋服务业将是带动整个国民经济体系的现代化水平不断提高的重要拉力。

随着海洋强国战略上升到国家战略,现代海洋服务业日益成为社会经济增长与发展的重要部门,中国现代海洋服务业进入数量规模增长型和质量效益提升型并存的过程中,总体来说伴随海洋生产总值的快速增加,作为海洋第三产业的现代海洋服务业占比连年上升。其中滨海旅游业已经成为海洋经济发展的支柱产业。2015 年中国海洋第三产业占海洋产业生产总值的比重为 52.7%,2016 年增长至 55.2%,此后连年上升,2017 年为 57.6%,2018 年为 59.1%,2019年为 60.0%。见图 4.2。

海洋第三产业已经逐步成为海洋经济发展的重要支柱,而现代海洋服务业更是重中之重。突破传统服务理念、升级服务模式、创新服务产品设计,树立服务客体本位意识,深度激发现代海洋服务市场潜力是必然趋势也是市场需求。

现代海洋服务业是助力海洋制造业、海洋渔业等为代表的海洋第二产业、海洋第一产业的重要把手,完善、科学、高效、灵活的现代海洋服务业能够更好地促使海洋其他产业快速发展,也能更深入地挖掘海洋其他产业的内在潜力,促进新的海洋产业融合与产业关联,形成完整的海洋经济生态。在发展过程中,现代海洋服务业分阶段、分批次、分主次地与其他海洋产业相辅相成,共同发展。

推进现代海洋服务业高质量发展的主要策略。现代海洋服务业高质量发展是发达的、科学的服务业的发展,具有高技术性、高素质性、知识密集性、集群性、高增值性等特征。

优化海洋现代服务业行业结构。优化现代海洋服务业结构,使知识密集型生产性服务业、满足发展享受型需求的消费性服务业较快增长,转换服务业动力,要使海洋现代服务业发展从依赖生产要素大规模、高强度投入转为更多依靠科学技术的创新驱动,塑造更多发挥先发优势的引领型发展。推进海洋现代服务业管理体系建设,构建信息透明、机会公平、依法管理的市场体系。扩大海洋现代服务业就业规模,积极支持海洋现代服务业内部各部门拓宽服务领域,使企业发展着眼于质量更优、标准更高的产品或服务,提高自身竞争力,应对来自国际国内的市场风险。大力推进完善海洋现代服务业市场准入和监管制度建设。公平、规范、高效的市场准入和监管制度是服务业高质量发展的基本保障。要发挥市场准入负面清单制度改革的牵引作用,清理修改不合时宜的法律法规和规范性文件,推行承诺式准入,推进"照后减证",提高审批透明度和可预期性。对处在不同发展阶段的服务业新业态、新模式进行分类细化管理,构建以服务质量为导向的动态监管机制。进一步完善价格管理、预防和制止垄断行为等相关法律法规,加快企业信用监管制度改革。

促进海洋服务业专业化和国际化发展。提高海洋服务质量和专业化水平,建立能够应对来自国际国内不同需求的产业服务标准,构建完整的现代海洋服务业专业化体系,满足来自需求方、供应方的不同诉求。完善现代海洋运输体系,建立与国际海运接轨的生产性服务业数字标准,推动现代海洋服务业向价值链高端、数字化、智能化、国际化方向发展。加快海洋产业技能培训、康养娱乐、体育健身、滨海旅游等领域的全面发展,推动面向社会闲散资本的服务政策体系建设,扩大海洋区域服务型基础设施民间资本参建类目,加快工业互联网在现代海洋服务业的布局实施等。

4.3　区域海洋经济高质量发展制度建设

区域海洋经济高质量发展,是我国经济可持续、高质量发展的重要组成部分。新时代全面推进海洋经济高质量发展,必须推进区域海洋经济空间布局与协调发展的高质量建设,增强沿海 11 省区市彼此间的产业纵向、横向联系,加强产业链之间的互补建设。全面推进区域海洋经济高质量发展,需要构建更加有效的区域海洋经济协调发展的新机制,保障区域海洋经济产业发展的有序竞争,鼓励区域海洋产业互补式发展,避免重复建设,鼓励产业链集群发展,实现区域海洋产业的高效运营。充分发挥市场机制作用,发展完善区域合作与互助机制,建立健全区域海洋经济补偿机制。

4.3.1　区域海洋经济高质量发展制度建设的重大意义

我国海域广阔、区域海洋经济差异大,东部与西部、南方与北方在环境气候、资源禀赋、文化传统、经济发展等方面都存在较大的差异。区域海洋经济发展不平衡是一个长期存在的历史性问题。深刻把握区域海洋经济发展的历史进程,全面推进区域海洋经济高质量发展,具有极其重要的现实意义。

从历史上看,改革开放之初,邓小平提出了"两个大局"的区域发展战略:第一个大局是先集中发展沿海,内地支持沿海地区的发展;第二个大局是沿海发展起来之后,沿海地区再支援内地发展。沿海 11 省区市在经过几十年的快速发展后,虽然总体来看经济实力雄厚,资本存量和人力资源十分丰富,但是具体到省、市,经济水平发展极不平衡,南北方差异大,岛屿与大陆差异明显。增加沿海城市间交流互动、优势互补、建链强链、协同发展是推动区域海洋经济高质量发展的题中之意。

党的十八大之后,习近平总书记多次强调要继续实施区域发展总体战略。提出推进三个经济带发展战略:京津冀协同发展战略、长江经济带发展战略和"一带一路"倡议。区域海洋经济高质量发展主要指的是区域海洋经济的空间布局协调与产业发展的能力水平。这也是我国新时代经济高质量发展的主要内容。建设海洋强国,必须重视区域海洋空间布局与产业协调发展。区域海洋经济高质量发展是一个复杂、协调、统筹的完整发展系统,在人口分布、自然资源、人文地理、环境生态、社会文化和交通物流等方面有繁杂的内在联系,是融合多产业、多学科、多领域的综合建设。

在区域海洋经济空间布局结构和产业协调发展上,要重点解决好以下三大问题:一是海洋产业空间布局的科学性。包括区域内自然资源、人力资源、海洋产业分布、海洋基础设施水平、科学技术水平以及其他经济社会因素对海洋空间产业布局的影响,要谨慎安排产业布局。二是区域海洋经济关系。包括国民经济社会的总体利益与区域海洋经济利益的协调;沿海区域间经济利益关系的协调;沿海区域间经济结构的平衡。三是区域海洋经济政策制定。包括人口政策、海洋产业政策、海洋公共服务政策、海洋基础设施政策、就业和社会保障政策等。

在国家海洋强国战略的推动下,沿海各省区市在区域海洋经济发展的问题上做出了持续的努力,沿海 11 省区市纷纷制定区域海洋发展"十三五"规划,海洋经济未来很有潜力成为沿海地区经济提升的核心动能。通过梳理广西、广东、海南、福建、浙江、上海、江苏、山东、河北、天津和辽宁 11 个省区市海洋规划发现,与以往强调海洋经济增长、增速相比,11 省区市的"十三五"规划更加突出绿色发展内容,在海洋资源利用上更加注重科技创新能力的增强。这表明在海洋经济结构的调整过程中,地方政府越来越关注海洋科技对于海洋经济实现高质量增长的重要性。

推进区域海洋经济高质量发展,关键在于制定能够实现区域协调、优势强化、产业互补的发展战略。一要满足沿海 11 省区市大、中、小城市不同层次的发展需求;二要建立更加高效的区域海洋协调发展机制,深入研究区域海洋经济核心竞争力,强化优势产业淘汰落后产业。

4.3.2　着重构建区域海洋经济协调发展新机制

推进区域海洋经济空间布局与产业协调发展。第一,坚持中央协调、地方补充的原则。避免出现区域海洋经济空间布局碎片化、重复化,防止区域海洋发展结构性失衡,遵守经济发展的客观规律,进行区域海洋经济战略布局和空间选择。第二,坚持制度公平原则。塑造海洋经济市场有序流动、主体功能约束有效、海洋基础设施资源均等、资源环境可承载的区域海洋协调发展格局。第三,坚持战略协同原则。完善各沿海地区与海湾协同发展的政策方略,重点支持落后产业的快速迭代,培育具有核心技术和创新能力的海洋产业增长极。第四,坚持重点突破,弱势互补的原则。大力推动和支持符合海洋强国战略的海洋产业集群,推进"一带一路"建设,在渤海湾经济带、长三角经济带、珠三角经济带等战略分布集群,突出建设海洋新兴产业、海洋高科技产业和其他符合新动能要求的海洋产业,强势拉动弱势,优势淘汰劣势。

在 2017 年发布的《全国海洋经济发展"十三五"规划》中,全国海洋生产总值年均增速也从"十二五"期间实际增速的 8.1%,下调目标至 7%。为沿海 11 省区市在规划中下调"十三五"期间的 GDP 增速预期奠定了基调。在普遍下调 GDP 增速预期的同时,沿海各省区市小幅上调了"十三五"期间海洋生产总值的目标。统计显示,上海、天津与海南三地规划"十三五"期间的海洋生产总值在全省(市)生产总值中的比重都提升至 30% 左右。其中,最高的是海南省和天津市,比重预计达到 35% 左右,上海规划是达到 30% 左右。

上述三地 GDP 占地区 GDP 的比重提升,与当地发达的海洋港口贸易有很强的关联性,同时也说明,海洋经济在地区经济转型中承担着重要角色。

在 2017 年全国港口货物吞吐量排名中,上海港、天津港分别位于全国第二、第七位。而海南省虽是陆地小省,却是海洋大省,管辖的海域面积约占全国海域面积的 2/3,近年来海南省借助临海工业带的经济张力,以港口、车站、机场为纽带,构建起海运、铁路、航空和管道的立体式、综合海洋物流贸易体系。

2015 年海南省海洋生产总值达 1050 亿元,海洋生产总值占全省生产总值的比重为 29%,比 2010 年仅提高了 1.69%;而"十三五"规划中,海南省计划至 2020 年底,海洋生产总值达到 1800 亿元,占全省生产总值的比重提升至 35%,比 2015 年提高 6%,增速明显加快。

推进区域海洋经济高质量协调发展,重点是构建更加有效的区域海洋经济协调发展新机制,增强区域海洋发展的协同性、联动性、整体性。一是充分发挥海洋经济市场机制作用;二是构建区域海洋经济创新合作机制;三是构建区域海洋经济互助合作机制;四是构建区际补偿合作机制。特别是要加大支持海洋经济发展不完全地区,支持资源型地区海洋经济转型发展,坚持陆海统筹,加快建设海洋强国。重点推进沿海 11 省区市高质量协调发展。实现分海域省市协同高质量发展,是打造新的区域特色海洋经济圈、推进区域海洋发展体制机制创新的需要,是探索完善沿海城市群布局、为优化区域海洋产业发展的需要,是探索生态文明建设有效路径、促进人口经济资源环境相协调的需要,是促进环渤海经济区、长三角、珠三角经济区带动沿海 11 省区市腹地发展的需要。

4.4　海洋经济高质量发展与制度建设

经济全球化是世界经济发展的必然趋势。中国经济高质量发展,要从经济大国走上经济强国,必须坚持经济全球化的根本发展方向,协调好国内经济同国际经济的关系,全面推动中国国际经济的高质量发展,为社会主义现代化经济强国建设,提高良好的外部环境和国际市场空间。

4.4.1　牢固树立经济全球化发展战略思想

全球化浪潮迄今为止已经有三次,随着科学技术的进步和人类社会政治经济的发展,全球化已经打破地域限制、文化限制和国界限制。邓小平对全球化发展是持肯定意见的,他曾经说,如果从明朝中叶算起,到鸦片战争,有 300 年的闭关自守;如果从康熙算起,也有近 200 年。长期闭关自守,把中国搞得贫穷落后,愚昧无知。从新中国成立到改革开放,中国经济的全球化是艰难而沉重的发展过程,海洋经济更是长时间得不到快速发展。漫长的海岸线除海洋渔业捕捞和水产养殖外,其他海洋产业的发展速度和发展质量几乎可以忽略不计。而随着改革开放的不断深化,中国经济有了质的飞跃,外汇储备达到了空前高度,中国经济参与全球化市场迅速发展。1979—2017 年,中国货物进出口总额(人民币)年平均增长速度 18.6%。2017 年中国货物进出口总额 41071.6 亿美元,货物贸易总量位居世界第一,占世界货物贸易总量的 11.5%,货物贸易顺差 4195.8 亿美元;实际使用外资 1310.4 亿美元,年底外资企业登记 539345 家;国内居民出境 1.43 亿人次;年末外汇储备 31399.5 亿美元。

雄厚的陆域经济基础为海洋经济的蓬勃发展奠定了基础。长期积累的国际市场经验也为海洋经济参与世界市场提供了参考和机遇。由于海洋水体的流动性等自然原因,海洋边界的划分是动态的,我们没有办法用陆域界限的严格方法划定海洋界限。同时,由于远洋运输、远洋捕捞、科考研究等活动,全球化行为在海洋领域的表现更为活跃。国家政府经济合作、对外贸易、科研考察方面友好、平等、互利互惠的态度,为中国海洋经济的全球化发展奠定了非常好的基础。

中国海洋经济高质量发展,首先要协调好国内、国际海洋经济发展的空间布局关系,坚持国内国际资源、市场统筹发展的原则,在市场规则、资源开发、生产制造、科技研发、人力资本、文化历史等全生产要素推行全球空间布局与协调发展。其次要坚定不移地提高开放型海洋经济水平，充分学习利用国外先进海洋经济发展经验与海洋经济生产技术，坚定不移地完善对外开放体制机制。再次要构建多边海洋经济贸易合作关系。结合"一带一路"倡议，推动中国—东盟经贸合作圈建设、中国—东北亚经贸合作圈建设、中国—欧洲经贸合作圈建设、中国—北美经贸合作建设、中国—非洲经贸合作圈建设。推进中国海洋产业全球布局，鼓励中国涉海企业深入海洋、全球发展。

全面构建国际贸易体系。拓展全方位国际经济贸易合作，坚持向发达国家开放和向发展中国家开放并重，积极构建全球经济贸易伙伴关系，全面发展同世界各国的平等互利合作，实现出口市场多元化、进口来源多元化、投资合作伙伴多元化。发达国家是中国的主要贸易伙伴，必须稳定发展中与发达国家的经贸合作。同时积极开拓东盟、非洲等新兴市场，打造全球性全方位对外经济贸易合作体系。促进贸易投资自由化、便利化，支持多边贸易体制，落实世贸组织贸易便利化协定，推进自由贸易区建设。

4.4.2　推进国际贸易和国际涉海投资高质量发展

世界经济全球化发展的"发动机"就是国际贸易的繁荣。中国涉海类经济贸易全球化发展要以全面提升中国国际经济贸易的综合竞争能力为核心，加快建设中国涉海国际经济贸易国家向国际经济贸易强国的战略跃升。一是推动中国涉海类国际经济贸易从低端性的数量价格竞争、低附加值的产品数量竞争向高端性、高附加值产品战略性转移，全面提升中国涉海类国际贸易的综合创新能力。二是加速推进中国粗放型的涉海经济贸易向集约型的战略性转移，全面提升中国涉海类国际经济贸易的综合盈利效率。三是推进中国涉海类国际经济贸易全球治理能力建设，为提升中国国际经济贸易制度规则话语权能力提供助力。

全面推进海洋贸易强国建设。一是推进海洋货物贸易服务优化升级。鼓励海洋装备制造、涉海产品国际品牌建设，高新技术、引导加工贸易转型升级。二是推进海洋现代服务贸易创新发展。鼓励海洋旅游、海洋文化、海洋大数据等服务贸易开拓国际市场，大力发展服务外包，打造"中国海洋现代化服务"国家品牌。三是培育涉海类贸易新生态。坚持鼓励创新、严肃活泼的原则，完善现代海洋服务体系、涉海类贸易政策框架和监督监管制度，支持市场采购贸易、跨境电子商务、外贸综合服务等健康发展，打造涉海类贸易经济新的增长点。

四是推动涉海企业、产业进出口平衡发展,实施更积极的政策,扩大先进海洋技术装备、关键技术和优质消费品等进口。

涉海国际投资是指以资本增值为目标的海洋领域国际资本流动,是国际经济合作的一个重要组成环节,包含涉海资本输入和涉海资本输出两种形式。涉海国际投资是国际经济合作中的新产品,是促进海洋领域国际要素流动、实现海洋资源合理优化配置的有效途径,是推动海洋经济全球化的重要力量。具体案例可以参考第 10 章"海洋产业金融合作的现实问题与对策思考"。

第5章 蓝色伙伴关系助力海洋经济国际发展

5.1 "蓝色经济通道"的提出和建设

5.1.1 蓝色经济通道的提出

"一带一路"伟大倡议的不断发展落实,极大地促进了我国与沿线国家在海洋领域的合作。海洋经济建设卓越,海洋产业成长迅速,项目成果丰硕,沿线国家与我国在海洋领域的合作意愿也越来越强烈。

为了把海洋的桥梁和纽带作用进一步落到实处,《"一带一路"建设海上合作设想》提出"以中国沿海经济带为支撑,密切与沿线国的合作,连接中国—中南半岛经济走廊,经南海向西进入印度洋,衔接中巴、孟中印缅经济走廊,共同建设中国—印度洋—非洲—地中海蓝色经济通道;经南海向南进入太平洋,共建中国—大洋洲—南太平洋蓝色经济通道,积极推动共建经北冰洋连接欧洲的蓝色经济通道"。

其中,"中国—印度洋—非洲—地中海蓝色经济通道"着力对接丝绸之路经济带,意在经南海、孟加拉湾、阿拉伯海、阿曼湾、波斯湾、红海、地中海等,连接南亚、西亚、非洲和欧洲地区,我国与沿线国在港口基础设施建设、临港产业园区、海上贸易、海洋资源开发利用、生态环境保护与防灾减灾等领域有广阔的合作前景。

"中国—大洋洲—南太平洋蓝色经济通道"着力对接中澳、中新自由贸易区,意在将我国与澳、新、南太小岛国的海洋合作不断深化,我国与沿线国在投资贸易和产能、海上贸易、海洋应对气候变化、海洋环境保护、海洋防灾减灾、海洋资源开发利用、海洋旅游等领域有广阔的合作前景,亦可向东延伸至中南美地区国家。

"经北冰洋连接欧洲的蓝色经济通道"着力将东北老工业基地的振兴与深化东北亚区域合作相结合,意在经日本海、白令海峡,通过北冰洋,连接北欧沿海国家,打造"一带一路"的北部通道。我国与沿线国在港口基础设施、海洋渔业资源利用、航道建设、极地科学技术研究等领域有广阔的合作前景,亦可延伸至北美地区,对接中加、中美海洋合作。

这三条蓝色经济通道是对《推动共建丝绸之路经济带和 21 世纪海上丝绸之路的愿景与行动》关于海上丝绸之路重点方向的细化和延展。面向国内,衔接我国沿海地区开发开放,促进海陆统筹,实现优势互补,带动腹地经济快速协同发展,增强国际辐射能力;面向国外,对接沿线国家发展需求,统筹国际间和区域间海洋资源配置、产业分工,拉动沿线国家国际产能合作互补、协同发展。从而实现国内与国外联动、"一带"与"一路"有效衔接、"引进来"与"走出去"相结合的海上合作新局面。

5.1.2 蓝色经济通道的建设特性与发展态度

三大蓝色经济通道,相比较陆域经济通道建设发展具有明显的不同。

第一,具有开放包容性,不是封闭的体系。虽然这三条通道具有一定的空间指向性,但没有绝对的边界。既努力深化已有的蓝色伙伴关系,也期待新的合作伙伴加入进来,通过开展各领域的海洋合作,共同保护海洋生态环境、实现海上互联互通、促进经济社会发展。大家共商共建,共迎挑战,共享成果,逐步扩大"朋友圈"。

第二,具有区域合作性,不是地理意义上的通道。这三条通道以共享蓝色空间、发展蓝色经济为主线。蓝色经济的核心就是沿线国家在发展中找到经济发展、生态环境保护、资源利用之间的最佳平衡点,互学互鉴,共走一条"与海为善、与海为伴、人海和谐"的经济发展道路。

第三,具有动态发展性,不分先后优劣。海上合作的优先次序取决于我国与沿线国家战略对接的成熟度,以及利益契合点的共商结果。7 月 3 日,习近平主席在俄罗斯与普京总统会见时表示,愿与俄方"共同开发和利用海上通道特别是北极航道,打造'冰上丝绸之路'"。这是我国官方最高层对中俄共建北极航道的明确表态,也是对近期俄罗斯共建"邀约"的回应。

海上合作是一个复杂的系统工程。我国倡议并主张与沿线国家坚持共商、共建、共享的原则,进一步加强战略对接与务实合作,共同撬动海上合作的杠杆。

　　构建蓝色伙伴关系。推进蓝色伙伴机制和能力建设,搭建稳定的合作平台,就共同关心的问题开展交流与协调,推进务实海上合作,增强沿线各国海上合作的战略共识,加深理解,夯实合作基础。

　　推进蓝色经济合作。合作建立一批蓝色经济示范区,探索和分享蓝色经济发展的成功经验,为促进沿线地区经济社会的发展和繁荣做出积极贡献。

　　促进海洋环境保护和防灾减灾合作。加强海洋防灾减灾技术交流与信息共享,提升沿线各国应对海洋灾害和气候变化的能力,为沿线地区提供更多、更好、更及时的海洋环境信息产品。

　　加强海洋科技创新合作。与沿线各国加强海洋科技合作,促进环境友好型海洋技术发展,加快海洋科技与海洋产业不断融合,依靠科技进步和创新,突破制约海洋经济发展的科技瓶颈,提高海洋科技对经济发展的贡献率。

5.2　海洋治理中的伙伴关系

　　早在 20 世纪 90 年代,公私伙伴关系已经在学术界和管理层得到较为普遍的研究和践行,但主要集中在公共服务领域,并未上升到国际政治层面。"里约+20"峰会以来,多利益攸关方伙伴关系成为国际社会高度重视的发展途径。以联合国为主的国际组织发起了缔结各类伙伴关系的倡议和行动,为多元治理主体尤其是非政府行为体提供了参与全球治理的途径和机会。

　　在海洋领域,以海洋垃圾、蓝色经济、综合管理为主题的伙伴关系发展迅速,通过促进主体间广泛的沟通和协作,形成一种非官方治理模式,对政府间治理起到支持、补充和促进落实的作用。例如,联合国环境署发起的海洋垃圾伙伴关系(Global Partnership on Marine Litter)、第三届联合国小岛屿发展中国家可持续发展会议发起的小岛屿发展中国家(以下简称"小岛国")全球伙伴关系、东亚海环境管理伙伴关系计划(PEMSEA)等都为相关领域治理问题提供了卓有成效的解决方案,促进了全球治理理念的推广和行动的发展。

5.2.1　海洋治理与可持续发展

　　海洋治理与可持续发展是一对紧密联系的概念,这种联系反映在以《公约》为代表的海洋治理规则与可持续发展进程之间的交织影响。虽然《公约》并没有直接提及"海洋可持续发展"概念,但《公约》做出的海洋环境保护和保全规定以及整体性思维反映了可持续发展的核心精神。里约会议所通过的《21世纪议程》及关于海洋和沿海地带的第17章是《公约》与可持续发展进程联系的开端。《21世纪议程》第17章首次肯定了海洋对可持续发展的作用——海洋是"地球生命支持系统的关键组分,实现可持续发展的宝贵财富",从而将海洋纳入全球经济/环境系统的一部分。此外,第17章其关于海洋治理的规定促进了《公约》相关原则——人类共同继承遗产原则和整体性原则的普遍化。

2012年,联合国可持续发展会议(又称"里约+20会议")对海洋给予了更高程度的重视,不仅把海洋作为七个主题领域之一,并且将海洋作为成果文件《我们希望的未来》的重点行动领域。会议强调海洋及其资源的养护和可持续利用有利于"消除贫穷、实现持续经济增长、保证粮食安全、创造可持续生计及体面工作,同时也保护生物多样性和海洋环境,应对气候变化的影响"。2015年联合国通过的《变革我们的世界:2030年可持续发展议程》(简称《2030年议程》),把海洋列为17个全球可持续发展目标之一,进一步反映出海洋议题在可持续发展进程中的主流化和固定化。2017年6月,为了推进关于海洋的可持续发展目标14的实施,联合国海洋大会召开,这是联合国首次针对可持续发展目标单目标的实施召开高层级政府间会议,代表着海洋治理与可持续发展的高度融合,标志着海洋可持续发展理念的进一步巩固和发展。

自1992年以来,可持续发展与海洋治理的联系逐步密切,国际社会对海洋的认知重点从其自然属性扩展到社会经济属性,海洋不再被单纯认为是自然环境的一部分,而是人类社会获取可持续经济增长和社会公平进步的保障。作为可持续发展的单领域,海洋治理越来越多地与减贫、增长和就业等国际治理核心议题相联系,逐步向可持续发展的核心议题靠拢。

5.2.2 伙伴关系对全球海洋治理的积极作用

伙伴关系是一种新型的治理模式,是动员多元主体参与,调动多渠道资源以实现可持续发展的途径。近十年来,随着全球治理问题交叉化和治理主体分散化特点逐步得到认识,强调跨部门和跨领域参与的多利益攸关方全球伙伴关系得到国际社会的积极倡导。在海洋治理领域,伙伴关系得到了多种形式的实践。

伙伴关系是构建国际、区域、国家、地方多层级联动的,政府、非政府主体积极互动的一体化海洋治理的关键途径。作为灵活、包容、形式多样的合作模式,伙伴关系可以提供宽泛的协作框架,以论坛、工作组、示范区等方式吸纳地方政府和社会组织参与治理事务，并与国际组织进行互动，推进建立多元化治理模式。

伙伴关系是提高区域间政府或地方各级组织工作效率，促进其落实国际承诺和国家政策的重要工具。海洋治理失效的根源之一是治理问题的分散化和主体间合作机制的缺乏。尽管当前海洋治理体制中存在关于各类问题的政府间磋商和合作机制，制定了相关国际协定并将其转换为国内政策，但海洋治理的有效实施还依赖于行业主体、地方社区和其他利益相关者的积极配合和全面履行责任。事实上，在海洋环境治理领域有很多成功的伙伴关系案例。发起于1993 年的东亚海环境管理伙伴关系计划，在过去 25 年中与 12 个东亚和东南亚国家政府缔结伙伴关系，在各国地方层面设立了近 60 个平行示范区，在平行示范区内推行"跨部门、跨领域"的海岸带综合管理模式。通过这种方式，东亚海环境管理伙伴关系计划将"海岸带综合管理"这一先进管理理念和国际政治承诺，转化成为可以落地实施的政策，转换成为地方利益相关者的责任和权利，有力促进了地方对国际理念的响应和落实。

伙伴关系有力地促进了科学界和非政府组织等非政府治理主体对治理进程的参与。科学界在新兴环境问题的形成过程中发挥了关键作用。微塑料、酸化、生物多样性退化等海洋环境问题的识别、界定和干预都是以科学为依据的，科学研究的重要发现直接推动了相关议题的形成和扩散。菲利普·萨得（Philippe Sands）认为，自 19 世纪下半叶以来，科学界就发挥了启迪和动员公众意愿、促进国际环境法发展的作用。

非政府组织活跃在与海洋环境保护相关的各个领域，包括海洋生物和物理信息的采集和分析、濒危物种和各类型的海洋栖息地的保护、海洋政策研究和咨询、生物采探、可持续渔业、海洋污染、公众环境教育等。尽管非政府组织并不具有在政府间国际谈判中的表决权，但在很多进程中被赋予发言权，通过提供咨询意见的形式影响相关议题的发展。《2030 年议程》中提出的 17 个可持续发展目标和 169 个子目标就是在同世界各地的市民社会和其他利益相关者进行了长达两年的密集公开磋商和意见交流后制定的。

伙伴关系是动员财政资源的有力手段。2017 年 6 月，联合国海洋大会期间，各国政府、国际组织和利益相关者在会议平台登记了超过 1300 个伙伴关系/自愿承诺。上述伙伴关系涵盖海洋污染防治、海洋生态保护与修复、海洋保护区、蓝色经济、海洋与气候变化等广泛领域，调动的财政资源达到 254 亿美元。其中，投入最大的是欧洲投资银行为小岛国提供的 80 亿美元贷款项目，用于应对气候变化与发展海洋经济。通过创建伙伴关系官方平台的形式，联合国海洋大会充分调动了来自民间和国际金融机构资本的积极性,提供了社会资本注入全球治理的渠道。

5.2.3 蓝色伙伴关系在国际海洋合作中的确立

在全球海洋治理动力不足的情况下,作为负责任的发展中大国,中国积极承担国际责任,提出构建蓝色伙伴关系的倡议。2017 年以来,中国与葡萄牙、欧盟、塞舌尔就建立蓝色伙伴关系签署了政府间文件,并与相关小岛屿国家就建立蓝色伙伴关系达成共识。过去五年来,中国与世界主要海洋国家合作进一步深化,共签订 23 份政府间海洋合作文件,建立了 8 个海内外合作平台,承建了13 个国际组织在华中心。通过构建蓝色伙伴关系,中国将在蓝色经济、海洋环境保护、防灾减灾、海洋科技合作等领域与合作伙伴加强协作和协调,共同促进全球海洋治理体系的完善。2018 年 7 月签署的《中华人民共和国和欧洲联盟关于为促进海洋治理、渔业可持续发展和海洋经济繁荣在海洋领域建立蓝色伙伴关系的宣言》,中欧双方都高度关注海洋环境保护、蓝色经济合作等议题,积极推动国家管辖外海域生物多样性养护和可持续利用进程取得进展,具有良好的合作基础。此次签署的中欧蓝色伙伴关系覆盖蓝色经济、渔业管理以及包括气候变化、海洋垃圾、南北极事务在内的海洋治理问题,将有力促进双方在相关领域的协调与协作,加强双方为维护和加强海洋治理机制和架构的共同行动。中欧蓝色伙伴关系的签订将推动双边海洋合作上升到新的高度,同时喻示着中国和欧盟这两个全球海洋治理的重要贡献方将在相关进程中开展更多合作。

构建蓝色伙伴关系是中国积极响应《2030 年议程》中“重振全球伙伴关系”的重要措施。中国政府提出的蓝色伙伴倡议是在海洋这一全球治理的具体领域践行构建全方位伙伴关系总体思路的有力举措,也是促进在海洋领域落实联合国可持续发展目标的重要途径。蓝色伙伴关系具有开放包容、具体务实和互利共赢的特点,与联合国所倡导的可持续发展伙伴关系在内涵和理念上高度契合。构建蓝色伙伴关系是强化海洋治理制度,应对全球性海洋挑战的重要途径。

蓝色伙伴关系的合作领域覆盖了海洋环保、防治减灾和极地事务等全球海洋治理的重要问题,伙伴关系的构建将切实增进伙伴方对于全球海洋治理问题的理解和共识,并为开展联合治理行动提供支撑。中国建议蓝色伙伴关系的重点领域包括“海洋经济发展、海洋科技创新、海洋能源开发利用、海洋生态保护、海洋垃圾和海洋酸化治理、海洋防灾减灾、海岛保护和管理、海水淡化、南北极合作以及与之相关的国际重大议程谈判"。蓝色伙伴关系的合作领域覆盖了海洋环保、防治减灾和极地事务等全球海洋治理的重要问题,伙伴关系的构建将切实增进伙伴方对于全球海洋治理问题的理解和共识,并为开展联合治理行动提供支撑。构建蓝色伙伴关系是加强海洋科学研究,促进科学与政策交流的有力支撑。科研机构是构建蓝色伙伴关系的重要主体。一方面,蓝色伙伴关系的构建将有利于鼓励伙伴国家间的联合科学研究活动,促进科研成果的交流共享,为海洋治理尤其是海洋环境治理,提供科学信息。另一方面,通过构建科研机构与政府、非政府组织之间的常态化合作平台,蓝色伙伴关系将促进科学家与政策制定者之间的有效交流,形成科学—政策良性互动的氛围,既有利于产生基于充分科学依据的政策建议,又鼓励科研机构围绕政策优先领域制定前瞻性科学课题。

蓝色伙伴关系倡议是中国政府在全球海洋治理供给不足的背景下提出的,联合相关国家和国际组织共同应对和解决全球海洋治理问题的积极举措。通过与伙伴方增进理解、增强协调、促进协作,蓝色伙伴关系的构建将有效调动和整合相关方面的知识、技术和资金资源,为全球海洋问题的解决注入动力。当前,中国已经与葡萄牙、欧盟、塞舌尔等有关国家和组织就构建蓝色伙伴关系达成共识。在蓝色伙伴关系合作协议的指引下,中国与相关国家、组织的海洋领域合作将得到进一步整合和加强,共同服务于全球海洋的保护和可持续利用。

5.3　中俄蓝色伙伴关系的建立发展

新型大国关系作为中国构建新型国际关系中的关键一环,指导着中国与世界其他大国的交往模式。2013 年《中华人民共和国和俄罗斯联邦关于合作共赢、深化全面战略协作伙伴关系的联合声明》明确提出中俄要建立长期稳定健康发展的新型大国关系,实现共同发展和共同繁荣。

5.3.1　中俄双方海洋领域深化合作的发展需求

中国与俄罗斯的互补性关系贯穿于安全、经济、能源等多个领域,这使得两国能够取他国之长补本国之短,从而达到共赢的发展效果。在安全领域,中俄的地缘位置使得两国需要共同面对周边的传统安全及非传统安全问题,在维护和平的原则下,中俄两国在理论构建、技术研发方面都可相互借鉴。而两国在能源、经济等领域的互补关系可通过"冰上丝绸之路"得以体现。在能源领域，中国在高速发展的过程中对资源的需求不断增加，而俄罗斯石油和天然气产量均居世界第一位，供需差距成为两国能源互补的重要前提。亚马尔项目的建设有助于向中国供应天然气资源，"冰上丝绸之路"则为天然气出口提供了便利的海上运输通道。在经济领域，俄罗斯的经济发展状况使得其在基础设施建设、能源开发和北极治理方面仍存在大量的资金缺口，在世界经济复苏乏力、贸易增速放缓的形势下，中俄可进一步发挥互补优势，为各自发展振兴和经济转型升级增添助力。早在共建"冰上丝绸之路"还未完全确定之前，俄罗斯就曾多次表示欢迎中国参与俄北方海航道的建设，尤其是中国充沛的外汇储备和稳中求进的经济发展态势能够很大程度上弥补俄罗斯融资方面的不足。

中国与俄罗斯存在诸多利益互补点，同时在海洋生态环境保护、海洋资源可持续开发、海洋搜救等蓝色领域也面临愈来愈多的共同问题。鉴于上述事项可能产生区域性或全球性的影响，亟须中俄两国以合作的形式共同应对。

随着中俄间的伙伴关系从"全面战略协作伙伴关系"跃升至新型大国关系，两国间可通过提升合作创新能力、合作对接能力、合作落实能力与合作意愿相匹配。之后以切实的合作实践增强两国的硬实力和软实力，不仅符合两国各自的发展战略，更能为今后中俄新型大国关系的建设提供物质保障。中俄正在依托《关于丝绸之路经济带建设和欧亚经济联盟建设对接合作的联合声明》，实现两国经济建设的对接。而"冰上丝绸之路"作为"一带一路"的新延伸，更是增强两国北极合作中合作能力的新平台。

中俄两国的海洋合作虽起步晚于陆上合作，但是在现阶段具有更强的发展潜力。因此两国可积极拓宽海洋领域合作内容，从海洋经济、海洋环境保护、航道建设等低政治敏感度领域着手，同时关注海洋搜救等其他非传统安全领域合作，形成适宜中俄新型大国关系海洋发展的合作模式。除在西太平洋开展合作外，还可特别关注将合作地域拓展至俄罗斯北极地区。近年来，中俄北极合作受到两国从中央政府到地方企业的多方关注，中俄北极合作的地域广泛性和主体多样性将逐步加强。

中俄在联合国、上海合作组织、金砖国家等多边合作框架下已经逐步建立了针对国际事务的统一立场和态度，并在推动世界多边主义发展的进程中积极合作。在新型大国关系的目标下，两国有必要在更多关切全人类共同利益的新领域加强合作，深化两国在地区以及全球性问题上的沟通和协调。共建"冰上丝绸之路"等北极合作可在纵深发展两国地方合作的同时强化国家层面的合作,并在北极治理等跨区域问题上为两国多边框架下的合作提供机遇。

5.3.2 中俄"冰上丝绸之路"的建设路径

从中俄两国"对联合开发北方海航道运输潜力的前景进行研究",到"加强北方海航道开发利用合作,开展北极航运研究"。

顶层设计与重点项目相结合全面开展项目实施。"冰上丝绸之路"作为中俄开展互补合作的一项最新成果,中俄双方在宏观层面为两国实际建设的战略设计和整体规划提供重要指导;对于"冰上丝绸之路"所在地区的自然环境特点、恶劣的航行状况对船舶航行、基础设施建设等现实障碍,中俄共建"冰上丝绸之路"需要在海洋科学研究、北极科学考察和北极治理等领域开展持续的深层次合作。

多种类交通运输方式打开入海通道。"冰上丝绸之路"作为一条贯穿欧亚地区的重要经济通道,结合东三省独特运输优势,可通过"江海联运"、"陆海联运"以及海运的多种类运输方式实现中国东北地区与"冰上丝绸之路"的衔接。

"滨海1号"与"滨海2号"交通走廊的设立通过加强中俄"陆海联运"合作的协调度提高了中国东北地区出海的便利性,因此中国可借助这一国际交通走廊将东北地区作为"冰上丝绸之路"的起点,通过与俄罗斯合作加强符拉迪沃斯托克港与扎鲁比诺港的基础设施建设、提高中俄间通关便利度、解决中俄两国交通运输领域的标准对接问题、共同提高货物运输的安全性,为今后运输大宗货物提供更为便利的条件。中国与俄罗斯毗连而存,畅通的多层次运输网络、具备发展潜力的港口与"冰上丝绸之路"建设规划得以有机结合。若能充分开发中国东北各省份与"冰上丝绸之路"的对接潜力,可为两国的合作发展带来源源不断的动力。

地区间的互联互通创新合作形式。习近平主席指出,国家合作要依托地方、落脚地方、造福地方,地方合作越密切,两国互利合作基础就越牢固。通过建立中俄合作园区等创新形式,以政府、企业和科研机构为载体,积极开展中俄口岸及边境基础设施的建设与改造、地区运输、环保、地区旅游、金融和人文等领域的合作。通过海上通道与公路、铁路的紧密结合,形成地方合作的立体交通网络。中国东北地区在地方规划的指导下与俄地方政府和企业开展先期合作,不但能够为"冰上丝绸之路"的商业化利用提早布局,还能够推动中国东北老工业区的振兴,增速东北部港口运输贸易发展。在这一机遇的推动下,利用已有的合作对话机制,进一步加强两国合作纵深。

5.3.3 中俄新型蓝色伙伴关系展望

蓝色伙伴关系是中国率先提出的一种创新性合作形式,也是中国提出的"全球伙伴关系"在海洋领域的新延伸,可发展为中俄构建新型大国关系"的重要组成部分。通过共建"冰上丝绸之路"展望中俄构建蓝色伙伴关系的前景,也将从侧面反映两国新型大国关系的发展远景。"冰上丝绸之路"的建设发展促使两国蓝色伙伴关系更进一步。中俄两国不断发掘合作领域、合作地域、合作机制方面新的增长点。"冰上丝绸之路"是两国经济互补发展的重要纽带,有助于对接两国的北极政策。以"冰上丝绸之路"带动的其他海洋领域合作既有利于丰富"全面战略伙伴关系"的内涵,又有利于加强双方海洋经济的发展,有望为建设适应国家需求的中俄合作提供新思路。

21 世纪是海洋的世纪,"冰上丝绸之路"的建设将两国的合作重点逐步转向海洋,这一合作空间的拓展在顺应世界经济发展态势的同时,为两国合作提供了新的着力点。通过"经济外交"等柔性外交途径较采取"硬性外交"将为两国带来更多的收益。"冰上丝绸之路"互联互通的纽带作用将中国与俄罗斯乃至整个欧洲地区相连接,可以为欧亚地区打造一个新的交通格局,借由"冰上丝绸之路"这一经济通道加强与俄罗斯的合作,不仅可以提升中国的海洋软实力、增强中俄海洋合作动力,还将传达中俄蓝色、和平、可持续的海洋发展理念中俄两国均处于经济转型和转变经济结构的过渡阶段,海洋经济逐步成为两国不可忽视的经济增长点。"冰上丝绸之路"不仅具备一般航道的属性,更在海洋运输、海洋科技、海洋生态、基础设施建设等方面发挥了合作纽带作用,进一步加快了两国海洋经济等多领域发展的速度。

以"冰上丝绸之路"开创中俄蓝色伙伴关系的新起点。海洋经济的可持续发展是"冰上丝绸之路"建设过程中的重要一环,在此基础上中国《"一带一路"建设海上合作设想》前瞻性地将"一带一路"与蓝色伙伴关系相结合,[30] 从战略高度明确了两者的紧密联系。蓝色伙伴关系对中俄关系而言并非是一个全新的概念,而是在现有基础上通过更高层次、更宽领域的蓝色合作加强两国间的蓝色联系。21 世纪是海洋的世纪,国家发展面临的问题日趋复杂,构建一种以海洋为纽带、聚焦于国家间共同利益的蓝色伙伴关系显得至关重要。

为推动联合国制定的《2030 年可持续发展议程》在海洋领域的落实,加强国家间在海洋事务的务实合作,中国提出了与他国一道建立蓝色伙伴关系的合作倡议。得益于多年来在海洋领域的持续合作和相近的海洋发展理念,中国已与葡萄牙和欧盟相继建立蓝色伙伴关系。为了拓展蓝色伙伴关系的"朋友圈",可以中葡、中欧为示例吸引更多的国家和国际组织加入,其中俄罗斯与中国已积累了一定的海洋合作经验,发展两国间的蓝色伙伴关系具有更为坚实的基础。两国秉持"尊重、合作、共赢、可持续"的原则共建"冰上丝绸之路",将推动双方建立从中央到地方的对话机制和切实有效的合作机制,为两国的蓝色合作提供长远发展的制度支撑。"冰上丝绸之路"通过拓宽中俄海洋经济合作的渠道,为两国海洋蓝色合作奠定了稳定的物质基础。中国在金砖国家峰会上曾提出"蓝色经济"这一重要议题,随后俄罗斯也积极回应,愿以自身的海洋发展优势加入蓝色经济建设的进程中。"冰上丝绸之路"虽然地处北极地区,却是对多年来双方海洋合作的总结与发展。为加强两国在全球海洋治理、可持续性蓝色经济、海洋生态环境保护等领域的合作,在"冰上丝绸之路"的基础上建立中俄蓝色伙伴关系并非天方夜谭,而是具有现实参考价值的可行提议。

蓝色伙伴关系扩大中俄新型大国关系辐射影响。中俄通过共建"冰上丝绸之路"等海洋合作,已经形成了蓝色伙伴关系的雏形。以蓝色可持续发展为目标的蓝色伙伴关系作为两国交往的重要一环,在加快两国海洋合作的进程以及丰富中俄新型大国关系的内涵方面发挥了重要作用。

以互利共赢的原则增强中俄合作的内在动力。蓝色伙伴关系以创新性的合作模式为全面深化中俄海洋合作提供了外交保障。其建设重点贯彻了中俄海洋合作建设的各领域,有利于将两国的海洋发展战略在经济建设、环境保护、非传统安全保障、科学研究等维度上推进,以实现蓝色治理的合作目标。中俄蓝色伙伴关系可以"冰上丝绸之路"为支撑,秉持可持续性、包容性、合作性的原则,结合两国的海洋发展战略,将合作领域聚焦于两国共同面临的海洋预报减灾、勘探开发深海大洋、渔业可持续开发、海洋生态环境保护、海洋生物资源养护等问题,建立政府、科研机构、民间组织等多元化主体参与的合作机制。蓝色伙伴关系不只是双方政府间的政治倡议,也是为国家经济发展带来切实利益的发展战略。中国和欧盟建立蓝色伙伴关系以来,双方在该合作框架下已开展积极务实的经济合作。蓝色伙伴关系将在"冰上丝绸之路"的基础上继续加大两国经济合作的增长点,以实现"共走绿色发展之路,共创依海繁荣之路、共筑安全保障之路、共建智慧创新之路、共谋合作治理之路"的蓝色发展目标。

以负责担当的态度增强中俄的大国影响力。当今全球治理体系正处于变革时期,中国和俄罗斯等新兴大国通过主动发挥自身力量、与相关利益国家进行政治经济合作,共同推进全球蓝色治理步入新阶段。中俄作为世界大国,两者的蓝色合作将为其他国家起到模范带头作用,为今后大国间建立蓝色伙伴关系提供丰富的经验借鉴。蓝色关系有利于构建国家、国际组织和其他主体之间的合作平台,便于各方就海洋治理面临的问题开展合作交流,并在主要治理议题及进程中实现协调发展。

以可持续的路径发展周边海洋命运共同体。中俄蓝色伙伴关系虽然还处于起步阶段,其中蕴含的海洋发展理念与人类命运共同体"构筑绿色发展的生态体系、营造共建共享的安全格局、谋求包容互惠的发展前景"的建设目标不谋而合,即构建人与自然和谐共生的海洋生态体系,在开发利用海洋的过程中着重关注海洋生态环境变化,积极与其他国家共同应对海洋气候变化问题,统筹应对海洋非传统安全问题,推动海洋经济可持续发展。中俄两国的蓝色发展理念将丰富现有海洋发展机制,推动最终实现互利共赢的海洋经济发展、包容互鉴的海洋文化发展、和谐共生的海洋生态保护。中俄共建"冰上丝绸之路"的过程中,西太平洋地区作为两国海域的交界地带,以周边海洋命运共同体的构建理念促进该海域的经济发展和海洋生态环境保护,既符合两国的现实需求,又可为今后中国与其他周边国家共建周边海洋命运共同体提供经验借鉴。融合了蓝色伙伴关系的新型大国关系是两国继续发展新型国际关系的重要依托。

从强调可持续发展的蓝色伙伴关系出发,增加周边国家在蓝色领域的利益共同点,从而形成周边海洋利益共同体、周边海洋责任共同体,最终构建周边海洋命运共同体。在循序渐进、螺旋上升的过程中,周边海洋命运共同体可通过秉持开放包容、合作共赢的理念,吸纳其他周边国家加入共同发展的国际体系。除了与俄罗斯等海洋大国继续保持并深化现有关系,还可特别关注对海洋有强烈需求的发展中国家,以点带面,带动周边国家共同治理海洋。

第6章 世界海洋经济高质量发展

海洋经济的未来发展必然会受到许多因素的影响,这是由众多国际组织、政府机构、行业协会和研究机构在对海洋产业发展数据进行大量不同程度研究和预测后得出的结果。但是要对整个海洋经济的前景出具一个统一的分析结果是非常困难的,因为所有这些研究了使用不同的方法、不同的时间范围和不同的假设(如在全球经济增长和国际贸易方面)。而且由于它们大部分是针对单个部门的研究,因此无法获取各个海洋部门之间的相互联系。对海洋经济产业进行建模表明,一些海洋产业发展有可能超过世界平均经济增长速度。

6.1 空间海洋管理计划

OECD"海洋经济的未来"项目在海洋工业增强数据库和基于广泛一致的假设与参数的模型基础上,预测到2030年全球海洋经济整体的发展情况和不足。

该项目通过建立一个普通场景或基准场景:先假设过去趋势的延续,在没有重大政策变化的前提下,没有突发的技术或环境发展,也没有重大的意外情况下,得出海洋产业的增加值和就业增长将继续以与过去参考时期相同的轨迹发展到2030年的结论。到2030年,海洋经济循序的全球增加值估计将增长到超过3万亿美元(图2.2),并保持其在世界总GVA中的份额(预计到2030年达到1200亿美元)约为2.5%。包括邮轮业在内的远洋和滨海旅游业预计将占最大份额(26%),其次是海上油气勘探和生产(21%),港口活动占16%。但是这些预估结果是相对保守的。

首先,它们尚未包括大量与海洋有关的部门,目前尚无足够的关联数据。其次,它们低估了某些部门的活动(如航运),由于缺乏数据,许多国家不得不将其排除在外。第三,某些大型行业(例如,海上石油和天然气)预期的适度增长掩盖了其他一些行业(例如,海洋水产养殖,海上风能,鱼类加工,港口活动)预期的较高增长率。影响了海洋经济的总体平均增长(图2.2)。

这些结果表明,海洋经济的许多部分都有潜力超过全球经济整体的增长率。许多国际组织和机构、行业协会和研究机构进行的大量针对特定行业的预测支持了这一结论,如(图 6.1)。这些数据表明,在未来 15 年中,船舶运输、造船和维修、港口活动、海洋供应、海洋水产养殖、海上风能和海洋旅游业的数量将强劲增长。预计捕捞渔业和海上石油与天然气的增长将减弱。海洋可再生能源、海洋生物技术和 CCS 也被认为具有相当大的潜力,但是到 2030 年,大规模市场化的可能性不大。

到 2030 年,按惯例海洋产业预计将雇用 4000 万人,与 2010 年基本持平,占全球劳动力(约 38 亿)的 1% 以上。预计大多数就业岗位集中在海洋制造业、捕捞渔业以及远洋和沿海旅游业几个部门。除捕捞渔业外,选择的所有海洋产业都可能看到其就业水平的增长速度快于全球劳动力的增长速度。海洋经济中的大部分工作将由海上和沿海旅游业以及捕捞渔业解决。航运数据涵盖高收入国家、新兴国家和发展中国家,但这一统计数据仅包括直接全职工作。

据估计,2010—2030 年期间,海洋产业产生的增加值复合年均增长率为3.5%,大致与全球经济总 GVA 的增长率相似。预计在未来 10 年的时间内,海洋制造业的就业增长将接近 30%,将超过全球劳动力的增长(约 19%)。图 2.2逐一比较了到 2030 年海洋经济增加值和就业的年平均增长率的预测结果如下:

替代方案与常规方案相比显示,总附加值差异相对较小。两种替代方案——可持续增长和不可持续增长方案在两个不同方向上共同塑造了未来的海洋经济。两种方案都在加速,但是增长时间和加速持续时间有所不同。不可持续方案到 2030 年使海洋产业的未来发展放慢了速度。形成方案的驱动因素包括经济增长、技术发展、政府法规以及到 2030 年的气候和海洋环境状况等。

(1)"可持续发展"假设由于资源节约型和气候友好型技术的发展,经济高速增长,环境恶化程度低,再加上政府的支持框架,该框架提供了适当的激励措施,使海洋经济在满足环境标准的同时能够蓬勃发展。

(2)不可持续的情况假设经济增长缓慢且环境严重恶化。再加上气候变化快于预期和技术创新率低,海洋经济在 2030 年之后将面临充满挑战的前景。

海洋经济的不断发展给海洋资源和海洋空间带来越来越大的压力。海洋产业的未来增长突显了在相当大的压力下对海洋资源和海洋空间的压力不断增长的前景,特别是在经济方面,大多数活动都在此进行。迄今为止,如果无法有效、及时地应对这些增长压力,在很大程度上,归因于人类陆域经济传统造成的全球经济对海洋活动部门管理的滞后。

作为对这些日益增长的压力的回应,近年来,将发展目光集中到海洋领域国家和地区的数量显著增加。这些国家和地区制定了经济特区内改善海洋管理的战略政策框架,其中大部分是基于生态系统方法各种空间规划和管理工具。如综合海岸带管理(ICZM)、海洋或海洋空间规划(MSP)和海洋保护区(MPA)。这些国家在改善海洋管理战略政策框架方面的建设进程有所不同,其中一些国家已经制定了战略政策框架,而其他国家则处于设计和实施的不同阶段。总体政策转变的根源在于,人类日益认识到,海洋管理需要基于生态系统方法。沿海和远海在开发利用方面的相互关系使得必须对海洋治理进行综合分析、安全预防和未来预测。

目前,世界上约有 50 个国家或地区正在实施某种形式的空间海洋管理计划。其中,八个国家/地区拥有政府批准的海洋计划,涵盖了全球 8% 的专属经济区。到 2025 年,将有超过 25 个国家制定政府批准的计划,覆盖全球约 25% 的专属经济区。

但是,每个计划的规模和范围在国家之间存在很大差异。鉴于未来海洋工业活动在世界范围内的迅速扩展和海洋空间的日益拥挤,将有效的综合管理扩展到尽可能多的沿海国家至关重要。但是,许多障碍阻碍了更有效的海洋综合管理,未来将陆续进行解决。例如,缺乏关于海洋环境的科学知识和数据,加上海洋环境的复杂性和不确定性;没有充分利用科学和技术工具来收集、处理和分析这些数据;缺乏相关的社会经济数据以及平衡利益相关者的感知利益、分配影响和公平考虑的挑战。此外,在评估和探讨人类对海洋利益之间的权衡以及确定调解这些权衡的战略方面,科学一直赶不上政策要求。

海洋综合管理为应对这些挑战提供了重大机遇,但需要更好的工具与之配合使用。增强综合海洋管理效力和扩散的手段:更多地利用经济分析(如成本效益分析——识别和量化成本类型、收益类型、估值技术)和经济手段(如税金、费用、可交易许可)

(1)更好地利用科学技术创新[例如,卫星应用方面的进步,尤其是与无人机、无人驾驶飞行器(UAV)、传感器、地图、成像等用途中的其他技术创新相结合]以便收集更多更好的数据。

(2)治理和利益相关者参与方面的创新(政府机构之间的协调以及更广泛但更有效和更具成本效益的利益相关者咨询)。

经济分析和调节手段是改善生态系统服务的衡量和评估所需工具的一部分。它们在争夺海洋空间观点,在利用海洋空间与保护海洋和沿海环境之间寻求适当平衡的情况下尤其有用。但是,缺乏有关经济参数(如关键生态系统服务的非市场价值)和环境现象(如特定海洋动物栖息地的状况和相互作用)的数据以及零星的空间规划实施,这意味着迄今为止,在海洋环境中没有充分利用经济手段。

当前阶段,科研、技术和数据分析并没有被充分有效地用于海洋管理过程。有效的海洋空间规划和海洋管理面临着巨大的数据挑战。海洋中存在着很多不确定性。人们对海洋中不同用途和不同使用者的互动影响知之甚少,海洋是由于气候变化而发生重大变化的动态环境。巨大的信息空白仍然存在:海洋资源的数据零散、难以定位,并且偏向于资源的物理和生态特征。这部分归因于历史上单一部门在海洋环境中进行规划的方法,以及较早地强调与海洋环境相关的生物物理过程而非经济和社会过程。当有可用数据时,决策者、研究人员和公众可以使用多种数据源和数据格式来解决问题。

利益相关者的参与和管理工作是有效进行海洋管理的关键,即整个政府的协调以及所有相关利益相关者(科学家,企业,用户行业和协会)的参与。但是,考虑到其长期采用的基于部门的分类管理方法,当前的治理结构通常无法满足研究需求:尤其是那些跨部门有效地处理协调和咨询任务,在资源可移动和可再生(如捕捞渔业)或固定和可再生资源的情况下以及大部分不可再生的(如石油和天然气沉积)数据的收集整理与分析。这些利益相关者数据的处理工作通常由不同的政府机构负责处理针对不同用途和用户的许可,虽然这种合作效率通常化较低,但从各部门管理向综合海洋管理转变是未来一项重大的机构变革和必然趋势。

6.2 世界海洋经济的前景和朝阳产业预测

通过收集信息和总结分析全球各种政府间机构、行业协会、研究机构和咨询公司准备的有关各种海洋产业的近期特定行业预测的简报,我们尝试对海洋经济发展做出概述。通过分析有关专家关于增长和就业的不确定性、挑战、机遇和前景的观点,从而可以对一系列传统和新兴海洋产业的长期未来进行初步评估。结果显示,后者可大致分为三类:长期业务和就业增长前景的中等增长部门;预计长期全球业务和就业增长的高级增长部门;具有巨大潜力但预计在一段时间内尚未达到商业规模的普通增长部门。

6.2.1　业务和就业增长稳定的行业

捕捞渔业。20 世纪 90 年代中期以来,全球捕捞渔业总产量的增长基本持平,一直徘徊在 9000 万吨左右(海洋鱼类为 8000 万吨)。自从粮食及农业组织(FAO)种群评估开始以来,在生物可持续水平内评估的海洋鱼类种群评估比例从 1974 年的 90% 下降到 2011 年的 71%。过度捕捞种群的比例已从 1974 年的 1/10 增加到 2011 年的近 1/3。充分捕捞的种群占 61%,捕捞不足的种群略低于 10%(粮农组织,2014)。在这种背景下,粮农组织、经合组织对 2024 年的最新预测表明,至少在未来 5 年内,目前捕捞渔业总产量的平稳期有望持续。

此外,还有非法盗捕的问题。据估计,全球捕鱼业的年价值达到 10 亿～200 亿欧元,两者相比,非法捕捞与合法捕捞之间的价值区间差距巨大。与此相比,每年合法捕捞的金额估计为 55 亿～60 亿欧元。目前尚无明确的 IUU 捕捞解决方案,但已达到如此规模,人们认为这将导致鱼类资源的无限制消耗。鉴于世界上许多渔业的不稳定状况,这对未来捕捞渔业的发展将是一个明显的障碍。

世界银行的基线预测显示,与经合组织、粮农组织的报告相比,前瞻性的预测要远一些,到 2030 年,捕捞渔业的产量几乎为零增长(图 6.1)。

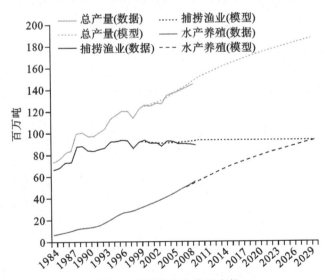

图 6.1　捕捞渔业的发展走势

来源:世界银行(2013).

对全球捕捞渔业最大的长期威胁有可能是海洋气候的变化。众所周知海洋变暖、海平面上升、酸化和生物多样性下降都对野生鱼类种群构成威胁。

深水和超深水以及北极地区的近海油气生产。深海和其他极端地区的海上石油和天然气业也属于海洋产业。这些海洋产业虽然在科学和技术领域处于领先地位,但在市场化和商业化方面,深水、超深水和近海油气短期和长期内都面临着众多挑战。就近海石油和天然气而言,其范围从疲软的市场需求以及对安全和海洋环境的担忧,到为实现经济脱碳而积累的新动力,都如COP21协议最近所表明的情况一致。因此,该行业的未来很难判断。

近海原油生产可能会带来深水活动的显著增加,在国际能源署(IEA)的《新政策情景》中,到2040年,石油和天然气能源结构预计将从目前的52%下降至50%。但是,两者增长率可能会有显著差异:石油每年＋0.4%,天然气每年＋1.5%。此外,预计海上作业将继续占全球碳氢化合物产量的30%左右。因此,至少在中期(15年内增长了50%),近海原油产量可能会显著增加,而浅水油田的产量则略有下降,总产量在2014年为每天2500万桶油当量,2040年为28万桶油当量。浅水和深水的天然气开采量预计将强劲增长,将从2014年的略高于17万桶油当量增长到2040年的27万桶油当量。预计近海的总碳氢化合物(天然气和石油)将以每年约3.5%的速度增长。到2030年当前持续的低油价和天然气价格将在多大程度上影响这些预测还有待观察,这不仅是因为超深水勘探和生产成本高昂,而且常常是第一个被搁置或推迟的项目。举例来说,道格拉斯-韦斯特伍德(Douglas-Westwood,2016)对2016—2020年深水投资下调至1370亿美元,较2015—2019年的预测下降了35%。

此外,随着时间的流逝,新发现的规模越来越小,离岸成本也受到影响。油田的平均寿命从25年缩短到15年,有时甚至更短。因此,每年寻找和生产相当于总海上碳氢化合物总量的4%的石油,如今这一数字已攀升至7%左右,也就是说,该行业每年每天就必须寻找和生产相当于300万桶的石油,将生产维持在当前水平。结果,该行业越来越有动力探索新的领域以寻找新的具有竞争力的碳氢化合物储量,这些领域都面临着自己的特殊挑战。根据Borelli的说法至2030年的十年内在这一领域可能的选择是:

(1)提高水库的采收率;

(2)发展海上天然气的生产、处理和出口;

(3)在浅水、深水和超深水(超过1500米)中开发未开采的地质构造;

(4)在偏远和极端环境(如北极地区)中开发新区域;

(5)开发非常规碳氢化合物,如超重油或页岩油和天然气;

(6)从长远来看,追求海上天然气(甲烷)水合物的生产。

正如 Borelli 所指出的,在每种途径上的进展差异很大。例如:

(1)关于提高储量的采收率,目标是主要通过油藏管理和增强的采油、智能采油技术,将已采储量的平均比例从现有总储量的 35%～40% 提高到 60%。

(2)人们认为北极拥有世界上约 30% 的未发现天然气和 13% 的未发现石油。尽管大多数海上钻探都在不到 500 米的水中,但北极的条件极为恶劣,在这样原始的环境中,环境安全的保护意义是十分重要的。极有可能北极地区的勘探和生产将在亚马尔半岛、巴伦支海和卡拉海以及北极圈内(硼利,即将出版)。但是,随着操作越来越接近极点,技术和操作挑战迅速增加。尽管该行业正在努力解决挑战,但许多专家认为在不久的将来不太可能在这些地区进行商业化的可行的价格进行碳氢化合物的勘探和生产。此外,北极生态系统承受人类活动的脆弱性,特别是在夏季,候鸟、海洋哺乳动物、鱼类等经常迁徙时,增加了环境保护组织对该地区油气生产强烈反对的可能性。在 COP21 大会之后,人们普遍预期的气候变化政策调整可能会进一步削弱该地区油气勘探的前景。

(3)至于甲烷水合物,从甲烷水合物中输送天然气的可行技术仍处于起步阶段。自 2014 年以来,已经在陆上多年冻土地区(如加拿大和阿拉斯加[美国])进行了成功的测试,也在日本进行了海上长期生产测试。但是,在科学研究阶段之后,甲烷水合物的勘探和生产将从技术和工业角度进行研究,以使运营商能够得出在经济条件下可以在何时何地开发该资源的结论。总体而言,鉴于当前所面临的挑战,尤其是解决潜在环境威胁的任务,甲烷水合物的商业开发在 2030 年之前开始的可能性不大。

因此,该部门的增长前景并不被看好。此外,随着对自动化和远程管理的越来越多的使用,创造就业机会将继续从勘探和生产向供应、设备和研发(R&D)转移。

6.2.2　具有长期业务和就业增长前景的行业

海洋运输。在全球范围内,海运贸易的发展与实际国内生产总值(GDP)的变化密切相关。通常,实际国内生产总值增长 1% 对应海运贸易增长 1.1%(以吨为单位)。在此基础上,海运贸易从 2016 年增长 4.3%,到 2017—2019 年期间平均每年增长 4.1%,预计在 2020—2029 年期间平均每年增长 4.0%,并在 2030—2040 年期间平均每年增长 3.3%。集装箱运输量预计将与海上贸易总量大致保持一致,而油轮和散货的增长量将低于平均水平。另一方面,预计在"其他"类别中会有非常快速的增长,其中包括液化石油气、液化天然气、客运、邮轮和其他海上客运等。

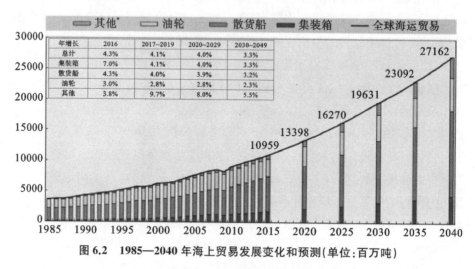

图6.2 1985—2040年海上贸易发展变化和预测(单位:百万吨)

造船业。预计海运贸易的长期显著增长将反映在造船业中。造船业的增长受到一系列因素的影响,如潜在的全球贸易扩张、能源消耗和价格变化、船龄增长、船舶退役、报废和更换、货物类型和贸易模式的变化等。但是,在很大程度上也取决于现有能力。近年来,产能过剩已经有了相当大的积累:在过去25年中,全球运输船队(以载重吨计算)以每年7%的平均速度增长,远远超过了3.8%的年增长率。结果,到2013年,油轮的累计供过于求已达到8300万总吨,散货船为1.13亿总吨,集装箱船为4800万总吨(相当于全球整个集装箱船队的1/4以上)。2020年,全球目前在役邮轮370艘,邮轮船队总价值1636亿美元,但受疫情影响,2020年邮轮活动下降了50%,邮轮资产估值持续走低。根据所做的假设,全球造船市场的供应过剩可能会持续到2030年。虽然中国造船业发展势头看好,中国造船企业2020年上半年累计接获订单量121艘,共计288万修正总吨,占同期全球新造船订单量的62%,但是在全球油轮运输供过于求的态势下,未来发展仍需谨慎。鉴于上述问题,预测模型提供的粗略迹象表明,到2030年,新建总吨位可能会大致翻番。

除了造船业对海运贸易未来趋势的依赖外,造船还与其他海事部门的发展紧密相关,特别是海上石油和天然气、海上风电、邮轮旅游、捕捞渔业和海洋水产养殖。尽管当前世界市场油价低廉,但至少在中期和长期内,对钻井船、半潜式潜水器、浮动生产装置（FPSO）等的需求预计仍将保持，到 2025—2030 年平台、锚船的供养船和维修船的生产、装卸、海上风电场等有望显著增长。实际上，至 2025 年，所有类型深水船舶的需求将以每年近 4% 的速度增长，这是由于长期内深海油田的海上石油和天然气供应增加所致。在海上旅游需求增长的推动下，预计至 2031 年，每年新建造的游轮将增加 6～8 艘。最后，尽管全球总体形势困难（鱼类资源枯竭，鱼类配额限制可能增加以及世界捕捞船队规模可能减少），对新渔船的需求［以补偿总吨位（CGT）和渔船数量衡量］预计在未来10 年内将强劲增长，从过去的五年每年 175 艘船增加到 2031—2035 年的每年346 船，这主要是由于不断扩大的水产养殖部门和船队更新导致。尽管如此，同期新造船的数量很可能会超过船队删除的船只数量，导致世界船队规模进一步减少。

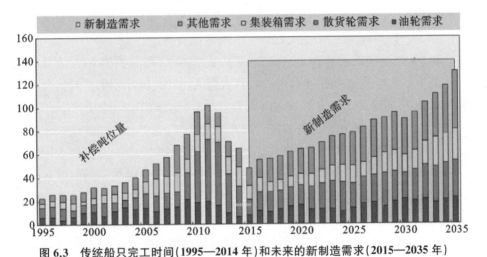

图 6.3 传统船只完工时间（1995—2014 年）和未来的新制造需求（2015—2035 年）

海上风能。在过去的 20 年中，海上风电领域已经从第一个小型试点项目发展为新兴行业，并有望进一步增长。当前的全球装机有 40～60 GW 的潜力，到 2050 年将进一步增长。对于该行业的可能增长，有不同来源的许多预测，它们跨越不同的时间尺度，并且基于不同的基本假设（例如，满足特定目标的需求，例如使全球经济脱碳）。尽管这些预测在本质上没有比其他预测更准确，但它们可以广泛地兼容，以期到 2050 年海上风电将占据可观的市场份额。在更乐观的情况下，预计到 2030 年海上风电将有近 400 GW 的风电安装，到 2050 年达到约 900 GW。这种增长取决于行业降低供应链各个环节的成本，并使其相对于替代能源，包括传统形式（最主要是石油和天然气）和替代可再生能源，都更具有成本效益。

预测表明,海上风能对全球创造就业机会具有巨大的潜力。与分布数据一样,海上风电未来就业的大部分预计将集中在中国、欧盟、印度和美国。仅对欧洲的观测表明,到2030年将创造30万个就业机会。但是,预测仅涉及总影响,并未考虑更广泛的宏观经济影响,如其他能源相关部门的工作丧失、增加。

海洋水产养殖。由于世界人口的增长、购买力的提高以及更多人进入中产阶级,预计未来几十年全球对鱼类食品的需求将继续增长。粮农组织发表的乐观情景假设,到2022年水产养殖产量将增长58%。预计未来海产品产量的大部分增长将通过水产养殖实现,使其成为全球粮食安全中日益重要的组成部分,并成为渔业和水产养殖部门变革的主要驱动力。

展望未来,世界银行的基准预测,到2030年,水产养殖将继续增长,尽管增速正在放缓,到2030年将降至每年不足2%。就食用鱼产量而言,到预测期结束时,将有62%的全球供应量直接用于人类直接消费。

海洋水产养殖约占全球水产养殖总产量的一半,可以按物种大致分为四类:鱼类、甲壳类、软体动物和水生植物。水生植物和软体动物的产量远高于有鳍鱼类,2016年全球有鳍鱼类仅占海水养殖产量(吨)的10%,水生植物占50%以上。根据《自然》最新发表的数据显示,到2050年,海洋食物年产量将增加至2100万~4400万吨。野生渔场和养殖渔场供应的海洋食物占全世界食用肉产量的17%。另一方面,从产值角度看,有鳍鱼类的相对价值几乎占海洋水产养殖总产量的2/5,而水生植物所占比例不到10%。水产养殖生产能力的预期增长将主要集中在海洋中,至2025年,约有高达44%的海洋食物将来自于海水养殖。

可以想象,海洋水产养殖的可持续发展速度可能高于上述研究的预期。但是,这将需要在许多方面取得重大进展,包括减少沿海地区养鱼场对环境的影响、改善疾病管理、显著提高食肉物种非鱼饲料的比例以及在工程和技术上取得更快的进步。

海洋旅游。尽管偶尔会受到冲击,但在过去的60年中,国际游客的到来一直呈现稳定增长,从2010年到2030年,全世界的国际游客预计将以每年3.3%的速度增长,到2020年底达到14亿,到2030年达到18亿。这意味着全球每年平均增加约4300万国际游客。至少到2030年,到达亚洲、拉丁美洲、中欧和东欧、地中海东欧、中东和非洲等新兴经济目的地的国际游客人数将以发达国家的两倍(每年+4.4%)的速度增长。新兴经济体的市场份额将从2013年的47%增长到2030年的57%。

　　尽管缺乏国际统计数据使得很难估计海洋旅游在整个旅游业中所占的比例,但最近的事态发展表明,海洋旅游业的增长速度将比国际旅游业更快。邮轮旅游就是一个例子。

　　根据 2016 年邮轮旅游业的经济模型估算,全球邮轮,旅客和船员的陆上游览人数达 1.487 亿人次,在全球目的地和客源市场上的直接游轮业支出为 523.1 亿美元。这些支出总计(直接、间接和诱导的)全球总产值为 1171.5 亿美元。要生产此产出,需要雇用 891009 名全职等效员工,这些员工的收入为 384.7 亿美元。

　　韩国海洋与渔业部的预测显示,世界邮轮旅游人数 2020 年底增长到 3700 万人次,每年增长约 10%。亚洲将以惊人的速度发展邮轮旅游业,从 2013 年的 130 万人次增长到 2020 年的 700 万人次。同样,预测从 2010 年至 2035 年,全球邮轮旅客人数将增加近两倍,从 2010 年的 1900 万人次增加到 2035 年的 5400 万人次,这意味着年增长率将超过 7%。

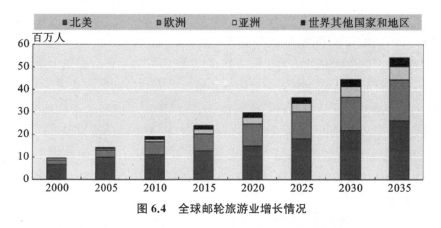

图 6.4　全球邮轮旅游业增长情况

　　海上作业与海上安全。在过去的几十年中,海上安全行业需要应对的风险和挑战发生了巨大变化。船舶变得越来越大(1968 年建造的最大集装箱船为 1530 标准箱;2018 年可以看到首艘 22000 标准箱集装箱船的下水);潜在危险货物(如液化天然气)的贸易流量正在迅速增加;国家内部冲突和内战的案件成倍增加;海盗行为已成为世界多个地区的主要关注点;在全球充满敌意但原始的地区(如北极地区),新的目的地正逐渐成为改变世界航运的游戏规则;海洋的新用途(如超深水石油和天然气、风力涡轮机、水产养殖、可再生海洋能源)正在成倍增长;环境问题对所有海洋使用者都构成越来越大的挑战;破坏性技术已经在地平线上清晰可见(如电子导航,自主和无人驾驶船舶,海上平台的远程操作等)。这些因素和其他因素将成为推动海上监视和安全行业发展的动力。

海上安全行业的定义相差很大,使得估值和预测极为困难。它可以包括海上安全设备和设备,ICT基础设施和应用,海上事故预防服务以及海上救援、救助和污染应对服务。从广义上讲,海上安全被认为包括LNG油船和LNG港口安全,基于卫星的海上跟踪,缓解海盗行为,海岸警卫队任务,集装箱检查和船舶自动识别系统。2015年全球海洋和边境安全市场规模达到156亿美元,到2025年将增长到237亿美元(其中约90亿美元将由海上监视和侦察所占),这将构成4%以上的复合年平均增长率。

6.2.3 具有长远潜力但短期难以商业化的行业

海洋可再生能源。海洋蕴藏着巨大的潜在能量资源,需要加以利用。在许多国家中,海洋能源[潮汐,波浪,潮流,渗透,海洋热能转换(OTEC)]被视为未来向低碳过渡的重要发电来源。在全球范围内,对海洋能源的商业兴趣正在显著增长,根据海洋能源系统实施协议(OES),到2050年,全球范围内有可能开发337 GW的波浪能和潮汐能,并且有可能再次发展OTEC。OES的“国际视野”表明,除了产生大量的可再生能源外,海洋能的部署还可以提供大量的就业机会,到2050年将达到120万个直接就业机会。大规模的原型建设表明,零部件供应链中涉及广泛分布的行业。在欧洲,海洋能源供应链是泛欧洲的,如在奥地利制造潮汐涡轮机、水力涡轮机和钢制备件用于德国的波浪发电厂和发电机,以及丹麦的波功率衰减器和超顶装置。因此,大型工程集团积极参与了国际上进行的许多大型原型项目,行业的发展为利用其核心工业能力提供了市场发展的重要机会。

但是,在海洋可再生或新能源产业充分发挥潜力方面仍有许多障碍。实际上,海洋能源技术仍处于单个单元的早期阶段,主要涉及短期部署,只有少数原型启动了迈向商业化阶段的第一步。研究工作和资金分布在许多不同的波浪能和海流能概念上,与风能相比,仍然没有技术融合。投资成本高昂,在石油和天然气价格低廉的时期(目前如此),与其他电源相比,运营可行性不利。尤其是在西方国家,技术发展缓慢。因此,2020年的全球装机容量将相对较小。然而,如能改变游戏规则的技术突破可能导致此后千兆瓦容量的快速增加。

深海采矿。深海的矿产资源潜力很大,但是,这种潜力的程度极其难以准确评估。海洋在地球的面积超过3.6亿平方千米,而人类现今的探索只往前迈了一小步。现如今的海洋采矿水平基本上都在近海浅水区(大陆架地区的水深通常不超过300米),只有少数国家尝试在深海500米以下的采矿。随着人类科学技术的进步,当前的海洋采矿商业化很有可能扩展到更深的水域,但是更多的观点认为这种类型的采矿不可能扩展到大陆架之外。相反,大多数深海采矿的目标都在更大的水深处。但是,某些深海资源属于扩展的大陆架区域,因此其开发可能与目前为其他用途而占用的区域重叠。深海采矿主要涉及三类矿床:多金属结核、富钴结壳和海底块状硫化物(SMS)矿床。它们蕴藏在世界所有海洋中,但分布不均。

尽管海洋采矿已针对所有三种类型的深海矿产资源授予了勘探许可证,但主要项目仍将重点放在多金属结核上。已知的多金属结核田(按地区划分)中有 80％以上位于国家管辖范围之外。目前只有约 15％的油田位于经济禁区(EEZ)中,另外 5％的油田可能包含在当前扩展大陆架的申请中。

近几年,太平洋深海黏土中稀土元素含量高,引起了人们的极大关注。日本和韩国的科学家已经测试了资源潜力,尽管通过湿法冶金技术处理泥浆在技术上是可行的,但没有关于有意义的资源潜力的报道。在任何深海矿床中,没有一种稀土元素的浓度高于陆基矿石中的稀土元素。就深海泥浆而言,每年必须开采和加工数百万吨泥浆才能影响 REE 市场。

《联合国海洋法公约》建立了国际海底管理局(ISA),以监督国家管辖范围以外海区("地区")的深海采矿。目前,"区域"内没有正在进行的商业深海采矿活动,只有勘探活动在进行。这些是与 ISA 签订的合同,目前有 26 个有效的勘探许可证或正在申请深海矿物勘探的申请。已批准了 22 项申请:多金属结核 14 项,SMS 沉积 5 项,富钴结壳 3 项。大多数勘探项目位于太平洋中东部的克拉里奥·克利珀顿区(CCZ)。它们的总面积超过 100 万平方千米。其余项目位于印度洋,大西洋和西北太平洋。重要的是,过去 10 年里,国际海底管理局(ISA)已经颁发了 16 张 CCZ 勘探许可证,覆盖了大约 20％的 CCZ 面积但尚未颁发任何开采、采矿许可证。

在国家管辖范围内追踪勘探许可证更加困难,因为没有收集该信息的组织或数据库。至少有 26 个项目可能在 EEZ 地区活跃。两家商业公司(鹦鹉螺矿产公司和海王星矿产公司)在专属经济区(几乎完全在西南太平洋地区)拥有大部分勘探许可证,并且全部用于 SMS 矿床。尽管尚不完全知道在专属经济区授予勘探或申请范围的面积,但至少在 10 个国家中,80 万～90 万平方千米的海底已获批准或正在申请中。日本正在深海探索更大的区域。在欧洲,SMS 勘探项目有 3 项申请(意大利 1 项,挪威 1 项,亚速尔群岛 1 项),但没有详细信息。有证据表明,项目可能已在南美、非洲、中国和俄罗斯联邦启动,但预计这些司法管辖区的项目数量有限。预计,在深海实施采矿将会在10年后实行,全球海洋矿物资源公司的目标是到2027年开辟商业性深海矿场。

深海采矿的主要驱动力包括陆上采矿的金属短缺和海洋新资源的前景。但是,尽管近几十年来全球人口增加了一倍,并且对能源和矿产资源的使用更加密集,但随着消费的增长,储备稳步增长。没有迹象表明常规资源的可用性不能继续与增长保持同步。这也适用于深海矿床中感兴趣的金属。即使世界人口再增加30%~35%,到2050年出现长期短缺是极不可能的。因此,没有理由进入深海采矿,因为深海矿产资源几乎不可能再生,同时人类采矿活动的进行会对海底生态造成极大破坏。我们并无必要深入海底开采矿产。

深海采矿供应的可持续性。部分国家的海洋工业服务业较发达,他们有机会从对新技术的需求中受益(例如,勘测技术,机器人技术,地球物理应用,重型起重设备和其他海洋设备)。尽管只有很少的国家有能力适当管理未来的采矿项目,但拥有这些资源的较小国家可以从其开采中获得经济利益的观点也是一个重要动机。

运营商和监管机构在评估这种潜力方面的一个根本挑战是,缺少大量可作为分析基准的深海采矿实例——甚至在最有希望的海洋地区,矿物生产尚未开始。结果,没有经济数据(收入,资本支出,创造就业机会等)要报告或考虑。

持有勘探许可证的国家政府可能会尽可能地利用国家公司进行所需的活动。这样,就可以为国内创造更多新的就业岗位和新的研究领域。除将来的海底勘探和开采外,还需要进行服务和维护,这将在海运承包商中创造更多的就业机会。但是,据汉宁顿表示,与陆上采矿活动相比,受限于基础设施的缺乏以及深海采矿中预期的高度自动化不可能带来大量的就业机会(数百个新的工作岗位而不是数千个新工作岗位)。

围绕海底矿产开采的环境问题使更大规模的深海采矿的经济前景更加复杂。人们非常关注鲜为人知的可能对海底和深水生态系统造成的潜在干扰和破坏。可以肯定的是,深海生态系统非常脆弱且相互联系,因此,人们日益提倡环境评估和预防措施。

海洋生物技术。海洋生物技术有可能解决一系列重大全球挑战,如可持续食品供应、人类健康、能源安全和环境修复,并为许多工业领域的绿色增长作出重大贡献。同时,海洋生物资源还为地球及其居民提供了许多重要的生态系统服务,必须予以维护。尽管存在定义上的困难,但海洋生物技术产品和工艺的全球市场是一个巨大且不断增长的机会,2017年增长61%达到46亿美元。

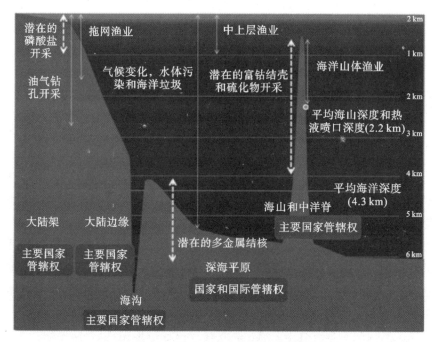

图 6.5　深海未来采矿活动分布和国家管辖范围

在健康方面,人们对海洋微生物,尤其是细菌的兴趣日益增加,研究表明,海洋微生物是潜在药物的丰富来源。抗生素耐药性已被世界卫生组织(WHO)确定为对人类健康的三大威胁之一,因此,寻找新的菌株来开发药物是当务之急。人们还对基于海洋生物的癌症治疗前景感到乐观。复杂的海洋生态系统具有大量尚未发现的微生物物种,甚至包括已知海洋物种的尚未发现的特性,提供了丰富且尚未开发的资源基础。例如,Poccia 指出:"在 2010 年的调查中,有 4 种已获批准的药品,其中 2 种药品进行到Ⅲ期,7 种药品进行Ⅱ期,4 种药品进行Ⅰ期。2020 年,该清单增加到 7 种经过批准的药品,2 种Ⅲ期,6 种Ⅱ期,3 种Ⅰ/Ⅱ期和 14 种Ⅰ期。因此,在 2015—2020 年间,医学测试渠道中批准的药品和全部药品的数量几乎翻了一番。"海洋生物技术可能会作出重要贡献的领域之一是开发新的抗生素。其他有希望的领域包括生物医学产品,如抗菌和抗真菌特性,以及保健食品和药妆品。

海洋生物技术也已在工业产品和过程以及生命科学行业中显示出广泛的商业潜力,成为酶和聚合物的新来源。它为从化石原料中提取的许多高价值化学品提供了合成替代品的来源,并已广泛应用于环境监测、生物修复和防止生物污染。尽管取得了这些成功,但是对海洋遗传多样性的有限了解仍然限制了工业应用和创新的潜在发展。

在能源方面,藻类生物燃料似乎具有广阔的前景。根据欧洲科学基金会海洋局的研究,微藻培养每年可实现理论上每公顷 20000～80000 升油的产量,用当前的技术似乎只能实现该波段的下限(尽管如此,这比陆生作物产生的生物燃料要高得多)。具有成本竞争力的大批量藻类生物燃料生产仍处于遥不可及的状态,需要更多的长期研究、开发和示范。然而,近年来,在证明大规模微藻生物柴油生产的可行性方面已经取得了相当可观的进步。

碳捕集与封存。碳捕集与封存(CCS)被广泛认为是在减少 CO_2 排放方面可能改变游戏规则的一系列技术。由于其巨大的存储能力,人们对将二氧化碳存储在盐水层中的兴趣日益浓厚,并且有几个示范项目正在运行中或在管道中。它也被认为具有创造就业的巨大潜力。但是,要大规模建立 CCS,还有很长的路要走。需要克服的主要障碍之一是缺乏法律和法规框架以及更广泛的公众支持。然而,最重要的是,对于 CCS 投资似乎还没有明确的商业案例,也没有强有力的经济激励措施。实际上,正如 IEA 指出的那样:“除几个国家外,所有国家的气候政策都没有为二氧化碳封存提供经济依据,以补偿勘探和封存地点开发的前期成本,更不用说捕获二氧化碳的成本了。”但是,最近的 COP21 协议会为 CCS 的开发提供一些必要的刺激措施以增加投资。

尽管以上评论为海洋产业的长期增长前景提供了有用的指示,但它以截然不同的方式进行。尤其是,为了评估海洋经济的整体前景,简单地汇总不同的预测是没有意义的。它们建立在不同的宏观经济假设基础上,采用不同的时间表,在很大程度上借鉴了非官方数据来源,并采用了不同的方法。仅仅汇总这些预测将有重复计算的风险,将忽略各行业和部门之间的重要联系,并且将忽略生产率变化,而这对于许多行业的发展至关重要。为了克服或至少减轻这些问题的严重性,OECD 部门和其海洋发展项目团队合作开发了一个模型,该模型可以对大量的海洋产业进行更一致的预测。

科学一直是并将持续成为海洋经济发展的强大动力。海洋学调查发现,海洋之间的联系与陆地农业生产力密不可分。生物学科调查活动发现了丰富的生命形式,并且持续更新;化学学科研究发现了内在的营养循环,地球上其他地方却并未发现化学过程;地质学科的调查使我们对地球以及现有的矿产资源有了空前的了解。最近几年,世界各国对海洋的新科学、新知识及其对人类发展的重要性有了更加深入的研究,人类对海洋的认识程度也有了更深入的探索。这包括在海底发现前所未见的新生物。

　　随着人类科学技术的进步,对海洋的未知领域的探索达到了空前的规模,激发了更全面的认知体系和长期目标的追求。2000—2010 年间的世界海洋生物普查活动,从私人和公共两个渠道筹集了超过 10 亿美元的资金,大规模地增加了海洋物种的已知探寻,对海洋知识的缺乏激发了为达到更全面的知识水平而进行的各种大规模和长期努力的发展。简而言之,关于海洋还有很多未知的东西。而且,这一未知还会随着探索的深入而不断扩大。

　　类似这种未知的探索还体现在对海底的物理知识方面。虽然已经对海底进行了完整的绘制,但绝大部分的比例仍保持在约 5 平方千米的分辨率。根据美国国家海洋和大气管理局(NOAA)的数据,只有不到 5% 的海底得到了详细的勘探。在管理经济开采方面,由于缺乏知识,政府甚至没有基本工具,如海底地质图(每个陆地矿物监管体系的中心工具)或进行成本效益分析的数据不同的开发模式。

　　从根本上说,科学理解海洋经济的性质和行为,需要建立在海洋系统健康、在气候变化中的作用以及对气候的影响这几个要素范围之内,这对于理解和管理海洋生态系统至关重要。同样,这是所有海洋工业可持续发展的重要先决条件。因此,海洋观测是海洋科学的基石。

　　中国海洋经济的高质量发展,是中国海洋强国战略的重要实施选择,加大海洋科学技术研发投入,建立海洋综合性人才培养体系是发展基础。在全面贯彻新发展理念、坚持以供给侧结构性改革为主线的思想指导下,加快建设现代化海洋经济体系、构建科学化海洋经济管理方法是相互关联的统一体。坚持以人民为中心的发展思想,推动海洋经济发展科学体系建设、效率变革、动力提升,协调陆域经济与海洋经济满足人民美好生活需要的共同发展。

下篇
海洋新产业发展的
实践探索

第7章 海洋经济高质量发展的双驱动力
——科技和市场

科学和技术是未来海洋经济发展中最有活力的发展动力。新知识和不断发展的各项技术正不断地被使用于每个海洋部门,并在此过程中不断地调整反馈,从而引发了进一步的创新。现在和未来,海洋中的许多科学技术进步有望产生变革性的影响。尤其是通过不同海洋技术的组合构建的多功能、多方向海洋经济、技术共享平台将来自不同部门的海洋活动并置在一起,以及寻求不同海洋产业之间的协作产生协同效应,将获得巨大的潜在创新收益。

差不多70年前,谢博德(Shepard,1948)观察到:"人类对未知事物的永恒好奇打开了许多领域。海底技术是推动科学探索发展的最后一项成果。直到最近几年,人们对月球表面的了解要比对我们星球3/4以下的广大地区了解得多。"这一说法继续成立,并被科学家无数次重复。可以说,地球上没有哪项科学和技术能够像海洋那样强烈地推动经济发展,这种相互关系继续推动着新的经济活动。

同样,技术发展的步伐也持续了几十年。在科学开辟了新潜力的地方,正是技术使海洋中的人类活动成为可能。在某些情况下,这种技术的单独和联合应用将为所有海事部门带来重大的渐进式的创新;在另一些情况下,它们则提供了对产品和流程、业务模型以及商品和劳动力市场的变革性,有时甚至是极具破坏性的变革。重要的是,在人类探索海洋的过程中,许多科学和技术进步源于海洋和海洋活动,证明了海洋经济对知识和应用进行交叉应用的能力。

新知识和技术两者共同推动了创新的飞速发展。人类对海洋的开发比以往任何时候都更加密集,研究表明这一开发速度将超越海洋应付的物理能力。具体来说,全球海洋委员会(GOC,2014)确定了五个相互联系的海洋衰退因素,所有这些都与人类经济发展有关:对资源的需求增加;技术进步;鱼类种群减少;气候变化,生物多样性、环境破坏和公海治理薄弱。该委员会和一些科学家认为,如果人类希望在保护海洋生态完整性的同时继续提高其海洋生产力,就需要投入使用更多的科技创新。新的海洋科学研究成果能够催生最新技术保障海洋经济生产得以进步和持续发展。但是,新科技带来的力量不一定都能实现高质量海洋经济发展要求。新兴和具有潜在破坏性技术会为海洋开发带来潜在风险。海洋经济的发展不是独立学科或生产部门的活动,而应该是跨领域、跨学科的高度融合,强调海洋活动之间的许多相互依存关系和相互作用,而这是海洋经济的一个关键特征。

海洋强国,基本条件之一就是海洋经济要高度发达,经济总量中的比重和对经济增长的贡献率较高,海洋开发、保护能力强。中国经济形态和开放格局呈现出前所未有的"依海"特征,中国经济已是高度依赖海洋的开放型经济。据官方数据,过去十年间,中国海洋生产总值从 2006 年约 2 万亿元人民币增加到2016 年约 7 万亿元人民币,但占 GDP 的比重始终徘徊在 9%~10%。

当前,中国正处在经济转型的关键时期,尤其是沿海地区经济已经呈现出由传统要素向高端要素转换、由要素投入型增长向效率型增长转换、由劳动密集型产业向技术密集型知识密集型产业为主转变、由低技术附加值产品和服务供给为主向高技术含量附加值产品和服务为主转变、资源配置由低效部门向高效部门流动的良好态势,充分说明中国经济具备实现高质量发展的有利条件。

7.1 科技和经济成为海洋强国建设的重要指标

海洋强国梦是中国梦的具体实现,我国的海洋强国战略一经提出,获得了社会各界的广泛关注。针对如何建设海洋强国,国内外专家学者取得了较为丰硕的研究成果。但对于海洋强国建设指标体系的研究主要倾向于对海洋强国指标类别的细分和某单一方面的海洋实力的评价,缺乏对于指标体系建设方向重点的规划;研究方法多为定性研究,缺乏量化计算的联动结合。基于这一现状,本书从全局角度构建我国海洋强国建设的指标体系,确定各建设方向的具体权重,并给出发展建议,以数值指标支持国家决策;对于发展思路进行综合梳理,为我国海洋强国建设的深层次研究提供借鉴参考。

7.1.1 指标选取与体系建立

海洋强国指标体系的构建是由李振福、关云潇通过采用 KJ 法与改进的优序图法相结合的形式完成的。KJ 法在分类过程中便于形成构思,突破创新,因此选其对我国海洋强国建设指标体系的构建思路进行整理。优序图法的核心思想在于通过目标间比较进行重要性排序。以往权重的确定过程,多是简单地将专家意见集中后用数学方法综合处理,专家认知在很大程度上影响计算结果,这也导致结果的可信度往往存在较大争议。而改进的优序图法,通过建模描述评委在指标打分环节的认识差异性,以公式核算指标比较结果,确定各指标权重。这一处理能有效降低专家在指标对比环节打分的随意性,减少主观因素所造成的影响。

KJ 研究组在脑力激荡环节深入探讨了中国当前国情以及我国海洋强国建设的发展现状,对这一探讨的内容和思路进行记录得到了相关卡片,如表 7.1 所示。其后对卡片内容进行归纳整理分类,得到海洋政治、海洋军事、海洋经济、海洋科技、海洋意识与文化、海洋资源环境这 6 个分类。

表 7.1　海洋强国建设相关卡片信息内容

卡片编号	卡片内容	卡片编号	卡片内容
1	经济发展空间	13	海洋军事战略理论研究
2	海洋产业结构	14	海军装备与作战能力
3	经济调控能力	15	海军力量非战争运用
4	海洋经济布局	16	海洋话语权
5	海洋科研基础设施建设	17	国际组织参与度
6	科技成果应用能力	18	海洋法律体系
7	科技立法与规划	19	国际交流与合作
8	海洋人才培养体系	20	海洋综合管理体系
9	海洋特色文化产业	21	资源环境保护法律框架
10	海洋文化服务	22	资源环境开发利用
11	文化遗产保护	23	海上突发环境应急能力
12	全民海洋意识		

7.1.2　海洋强国建设指标体系的启示

在进行科学计算和比较排列后,得到中国海洋强国建设指标体系。如表 7.2 所示。

表 7.2　中国海洋强国建设指标体系

一级指标	一级指标权重	二级指标	二级指标权重
海洋军事	0.233	海军装备与作战能力	0.12
		海军力量非战争运用	0.07
		军事战略理论研究	0.04
		海洋话语权	0.09
海洋政治	0.194	国际组织参与度	0.05
		海洋法律体系	0.07
		国际合作	0.05
		经济发展空间	0.05
海洋经济	0.204	海洋产业结构	0.07
		经济调控能力	0.06
		海洋经济布局	0.09
		海洋科研基础设施建设	0.05
海洋科技	0.165	立法与规划	0.06
		科技成果应用	0.03
		海洋人才培养	0.02
海洋意识与文化	0.078	海洋特色文化产业	0.02
		海洋文化服务	0.02
		文化遗产保护	0.01
		全民海洋意识	0.02
海洋资源环境	0.126	海洋综合管理体系	0.03
		资源环境保护法律框架	0.03
		资源环境开发利用	0.05
		海上突发环境应急能力	0.02

从列表中可以看到,除海洋政治、海洋军事两大类硬性指标外,海洋经济和海洋科技成为海洋强国建设指标体系中比重较大的项目,未来发展机遇也会比较有优势。

海洋经济建设比重达到 0.204,对国家海洋强国战略的影响发展十分重要。随着我国进一步深化对外开放政策,加强与周边国家地区的贸易往来,扩展海洋经济发展空间海洋经济建设会得到更加宽广的发展空间。随着海洋产业结构的不断调整,传统海洋产业的转型升级,海洋渔业、海洋船舶工业、滨海旅游业健康发展得到保障,海洋工程装备制造、海洋生物医药、海水利用、海洋再生能源开发等新兴产业快速成长,对于海洋产业应对国际市场竞争压力和国内市场快速发展都十分有利。国家对于海洋经济调控能力,供给侧结构性改革对于涉海企业效益的提升,去杠杆、降成本,实现涉海企业减量提质发展等措施的不断深入实施,都将能够为海洋经济注入更多的活力。通过持续优化海洋经济布局,保障北部、东部、南部海洋经济圈的健康稳定,以自由贸易区建设促进区域海洋经济高质量发展,是推动海洋经济发展进入新阶段的重要力量。

　　海洋科技建设占到 0.165 的比重,体现出当前科技是国家硬实力建设的重要组成部分,也是推动海洋强国建设的强劲动力。海洋科技在国家硬实力和海洋强国建设中比重的增加,离不开前沿领域的高精尖技术研发力量成长,也更需要形成布局完整、技术先进、运行高效、支撑有力的世界级海洋科技体系,强化海洋设施个体规模与使用性能。技术创新在海洋科技建设中的引领作用是推动海洋产业智慧化、系列化、多元化、高效化、工程化发展的核心力量,是强化海洋科技成果在海洋军事、经济、资源环境开发利用等领域的综合应用能力的集中体现。国家海洋科技决策机制的建立健全,为海洋科技的发展提供良好环境。在海洋科技应用与合作方面,通过深化产、学、研合作,激发科研机构产生创新活力与持续创造力;加快我国海洋科技国际化进程,深化我国与国际海洋组织机构的交流合作,提升全球视野,加强在海洋科技领域的参与和主导能力,不断提高我国海洋科技国际影响力。

7.2　我国沿海地区科技实力概述

7.2.1　海洋生产力提升推动科技创新发展

　　2019 年,北部海洋经济圈海洋生产总值 26360 亿元,比上年名义增长 8.1%,占全国海洋生产总值的比重为 29.5%;东部海洋经济圈海洋生产总值 26570 亿元,比上年名义增长 8.6%,占全国海洋生产总值的比重为 29.7%;南部海洋经济圈海洋生产总值 36486 亿元,比上年名义增长 10.4%,占全国海洋生产总值的比重为 40.8%。根据表 7.3 数据,2019 年主要海洋产业增速最快的是海洋船舶工业(11.3%),第二位是滨海旅游业(9.3%),第三位是海洋科研教育管理服务业(8.3%)。这体现了海洋制造业、现代海洋服务业的良好发展态势。优秀的产业发展基础和可预期的未来发展趋势离不开科学技术的保障与推动,尤其海洋产业发展对科学技术的依赖程度更高。

表7.3 2019年中国海洋生产总值数据表

指标	总量(亿元)	增速(%)
海洋生产总值	89415	6.2
海洋产业	57315	7.8
主要海洋产业	35724	7.5
海洋渔业	4715	4.4
海洋油气业	1541	4.7
海洋矿业	194	3.1
海洋盐业	31	0.2
海洋化工业	1157	7.3
海洋生物医药业	443	8.0
海洋电力业	199	7.2
海水利用业	18	7.4
海洋船舶工业	1182	11.3
海洋工程建筑业	1732	4.5
海洋交通运输业	6427	5.8
滨海旅游业	18086	9.3
海洋科研教育管理服务业	21591	8.3
海洋相关产业	32100	——

数据来源:国家自然资源部

2001至2014年间,中国海洋产业及相关产业增加值合计增长6.37倍,从2001年的9518.4亿元迅速攀升至2014年的60699.1亿元;海洋产业增长6.34倍,与合计增加值倍数相近,从2001年的5733.6亿元增加到2014年的36364.9亿元;其中主要海洋产业2014年25303.4亿元,比2001年增长6.56倍;海洋科研教育管理服务业由2001年的1877.0亿元增长至11061.5亿元,增长5.89倍,连年增长显示海洋科研教育管理服务业逐年得到重视并充分发展。

　　在沿海十一省市的科技创新能力方面看,2016 年全国研发人员全时当量(人年)2736244,研发经费 1201.2 万亿元,研发项目数 44.5 万项,专利申请数81.7 万件,发明专利 32.0 万项,有效发明专利 93.3 万件,技术市场成交额1342.4万亿元,毕业生人数 735.8 万人,其中本科 384.2 万人,专科 351.6 万人。见表7.4。

　　中国科技投入总量居世界前列,但人均水平较低。2000 年以来,中国科技投入增长一直高于 GDP 的增长。目前,研发支出总量占世界 20%,居世界第二;2016 年 R&D 强度约为 2.1%,居发展中国家首位,甚至高于一些高收入国家。科研人员总量居世界第一,但人才结构有待提高。

　　创新要素向企业集聚,企业创新能力逐步增强,但投入强度和技术能力还相对落后。近些年,我国涉海企业的研发支出和研发人员比例不断上升,技术引进与消化吸收支出比重有所下降。规模以上海洋制造业企业开展研发活动的数量快速增加。中国对海洋科研经费的投入大幅度增长,其中青岛市投入规模排在首位,其次是上海,大连排在第 3 位,广州和天津分别排在第 4 位和第 5位。排名前两位的青岛、上海相对于其他城市,在涉海科研机构及高校数量方面也有着明显的优势。青岛作为海洋科技城,聚集了全国 30% 以上的海洋教学、科研机构,拥有全国 50% 的涉海科研人员、70% 涉海高级专家和院士(19 位院士、5000 多名各类海洋专业技术人才),1 个国家级、17 个省部级海洋类重点实验室。

　　海洋产业创新水平从全面技术跟踪和追赶为主转向产业创新模式以改进创新和集成创新为主,具备一定的后发优势,部分领域进入世界前沿。但是,原始创新能力薄弱,一些关键核心技术对外依存度较高,多数行业还处于价值链中低端。我国仍是知识产权的净进口国,创新体系整体效率并不高。创新对经济增长的贡献度也有待提高。

　　激励创新的体制机制和政策环境逐步改善,但仍难以满足创新驱动发展的需要。随着社会经济发展,地方各级政府都出台了大量支持科技进步和创新发展的政策,覆盖创新链各环节的综合政策体系以及制度框架已基本形成,政策工具也从财税支持为主逐步转向更多依靠体制机制改革、普惠性政策和发挥市场机制的作用。但是关键政策落实不到位,政策之间不协调,一些重点领域的改革难以有效推进,市场机制配合资源作用尚未有效发挥等问题仍比较突出,在一定程度上抑制了各类主体的创新活力。

表 7.4　沿海 11 省区市科技能力分布

地区	地区生产总值(亿元)	R&D人员全时当量(人年)	R&D经费(万元)	R&D项目数(项)	专利申请数(件)	#发明专利(件)	有效发明专利数(件)	新产品开发项目数(项)	新产品开发经费支出(万元)	新产品销售收入(万元)	#出口(万元)
全国		2736244	120129589	445029	817037	320626	933990	477861	134978371	1915688889	349447537
天津	18549.19	57881	2411418	13456	15770	5463	22346	11373	2060101	40949317	8433010
河北	34016.32	79135	3509684	11295	13855	4798	14750	10238	3422205	46623294	4016522
辽宁	23409.24	49463	2749477	8533	11206	4994	19028	8228	3058148	36962037	4011798
上海	30632.99	88967	5399953	12557	27581	12329	43416	16121	6787046	100681518	13040804
江苏	85869.76	455468	18338832	67205	124980	45719	140346	69653	21506492	285790192	57081068
浙江	51768.26	333646	10301447	69180	85639	21817	49158	72083	11074026	211501500	41552462
福建	32182.09	105533	4487934	15944	31433	8810	24222	14971	4234896	44766789	12027814
山东	72634.15	239170	15636785	43666	55881	28448	56076	38273	13834842	181263978	23328451
广东	89705.23	457342	18650313	73439	199293	86724	289238	103149	28286496	348630305	110517202
广西	18523.26	16163	935996	2795	5428	2502	6557	3232	1120030	22492207	984717
海南	4462.54	1971	74815	572	443	267	1656	549	108956	1306518	181992

表 7.4　沿海 11 省区市科技能力分布（续）

地区	申请数（件）	发明	实用新型	外观设计	授权数（件）	发明	实用新型	外观设计	技术市场成交额（万元）	毕业生数	本科	专科	科研服务行业固定资产投资（万元）	公共图书馆个数
全国	3536333	1245709	1679807	610817	1720828	326970	967416	426442	134242245	7358287	3841839	3516448		
天津	86996	25652	56675	4669	41675	5844	32353	3478	5514411	139162	79010	60152	458.9	32
河北	61288	13982	36134	11172	35348	4927	21841	8580	889245	329972	170408	159564	426.8	173
辽宁	49871	20500	25456	3915	26495	7708	15821	2966	3858317	268767	174113	94654	30.2	130
上海	131740	54630	60925	16185	72806	20681	39942	12183	8106177	134207	86945	47262	58.6	24
江苏	514402	187005	219503	107894	227187	41518	126482	59187	7784223	489522	252892	236630	768.5	115
浙江	377115	98975	191372	86768	213805	28742	114311	70752	3247310	276580	146131	130449	131.8	101
福建	128079	26456	76724	24899	68304	8718	39608	19978	754634	204417	121774	82643	115.6	90
山东	204859	67772	118252	18835	100522	19090	67005	14427	5116448	571220	245517	325703	953.0	154
广东	627834	182639	283564	161631	332652	45740	169017	117895	9370755	511222	245563	265659	266.8	143
广西	56988	37976	14595	4417	15270	4553	7755	2962	394228	210666	88932	121734	146.0	115
海南	4564	1627	2242	695	2133	373	1285	475	41079	50370	24871	25499	32.3	23

数据来源：国家统计局

7.2.2 海洋经济不断发展对创新发展提出了新的要求

创新驱动发展战略不是解决短期或局部问题的权宜之计,而是事关中国现代化全局发展的重大战略。习近平总书记强调指出:"抓创新就是抓发展,谋创新就是谋未来。不创新就要落后,创新慢了也要落后。"创新引领海洋经济发展的关键作用体现在两个方面。

首先,创新发展会从根本上加快转变发展方式,实现增长动力的转换。海洋经济发展在大环境增速换挡期,更需要把握机会紧跟进度,降低海洋经济发展对资源环境的依赖,降低或者跨越传统大规模要素投入的增长范式,加快国际先进技术的引进。以创新培育新动能和改造提升旧动能为参照,促进海洋经济结构优化和海洋产业升级,实现海洋经济系统可持续发展。发达的海洋经济国家经验显示,创新是保障海洋产业可持续发展,海洋经济可持续增长的力量源泉。

其次,创新发展是推动我国海洋经济适应新技术革命、新经济增长的必然需求,是跻身国际海洋市场竞争的必然选择。新科技革命和产业变革对海洋经济发展规定了方向、提出了要求,以智能、绿色、泛在为特性的群体性技术变革是海洋经济发展的题中之意。随着人类社会信息技术的快速发展,云计算、大数据、人工智能、5G 等技术正在迅速而深刻地影响海洋产业内部、海洋产业与其他产业之间的关系,推动海洋产业与其他产业间不断破除产业壁垒,深度融合,形成新的产业形态,这是全社会经济增长的活跃元素,也是世界海洋经济市场竞争的重点。创新能力的强弱,决定了海洋经济在未来国际海洋市场竞争中的影响力、优劣势,以及海洋主要产业的发展方向,更是打破西方发达海洋国家垄断世界海洋市场的有力之选。创新驱动发展和海洋强国都是国家战略题中之意,需要紧扣国家经济社会转型发展主题。

再次,创新发展是催生海洋新产业的重要内核,是海洋新兴产业在市场化和商业化中的不竭动力。

7.3 工业互联网推动海洋经济标准化建设

2020 年,中央政治局会议多次强调要推动工业互联网的发展。2 月份政治局会议强调要推动工业互联网的发展;3 月份政治局常委会再次强调加快新型基础设施的建设；4 月份随着整个疫情的变化，中央多次强调新基建的概念。我们在考虑新基建和工业互联网与区域生产生活接驳的时候，首要问题就是怎么用？用在哪？效果如何？国家任何一个经济行动都不应该被看作孤立的、单独的，而是普遍联系、广泛应用的，这是我们的分析方法更是唯物辩证法的重要观点。推动工业互联网接入海洋经济应用场景，深化工业互联网产业互联，加快海洋经济标准化建设，实现区域海洋经济快速增长是不二选择。

艾伯特·赫希曼认为，发展不仅仅是要找出已有的资源与生产要素的最佳组合，"为了发展目的，还必须发挥和利用那些潜在的、分散的及利用不当的资源和能力"。中国经济增长过程中不仅积累了丰富的物质资本，而且存在一些潜在的有利条件，劳动力素质进一步提升以及新要素正在蓬勃发展。

7.3.1 工业互联网在海洋经济发展中的建设意义

工业互联网是继消费型互联网后实行的产业型互联网。新一代通信技术的快速发展为制造业转型升级提供了更加强大的解决手段，使工业互联网助力海洋经济高质量发展。

同样基于信息技术的 IAAS\PAAS\SAAS 三个基本层面，实现相关应用的开发和产品设计最终为用户提供完整的解决方案。通过网络的连接，实现内部的政策法规、标准规范、安全保密和运维服务的顺利实施。通过大数据和云技术的叠加，实现产业链的快速建设发展。在云端实现科研设计、生产供应、政府监管、金融服务、标准认证、物流运输、运营维护、市场两端等综合信息的分析使用与维护保存，通过加密等安全保护为产业发展需要的海洋基础设施企业、互联网企业、工业软件服务、海洋制造企业和其他现代化海洋服务业企业提供产品服务，也就是解决方案。

工业互联网助力海洋经济高质量发展的意义和作用体现在四个方面。一是打破传统的资源优化配置，实行资源创新配置以网络化、全球化和快捷化来突破以往经济贸易中存在的地域限制、组织边界、技术边界，从而由局部优化向全局优化演进，全面提升海洋经济全要素流通效率和水平；二是海洋产业创新发展更加顺利的实现协同化、开放化和互动化，平台内信息开放、资源共享、协同发展、去中心化沟通方式极大地提高了海洋产业生产力，知识经验得以在平台上沉淀共享，重构海洋产业知识复用、共享和价值再造；三是海洋制造生产更加智能化、定制化、服务化，通过网络化协同制造，来自需求端和服务端的信息无障碍沟通需求精准对接、个性化定制、产品远程诊断等服务化转型，实现市场两端的极大满足;四是行业企业内部组织管理更加扁平化、柔性化和无边界化,行业企业沟通成本降低、信息交流互通加快,工作效率极大提高,扁平化、柔性化和无边界组织逐步形成,最终实现跨行业、跨领域、跨主体的产业生态体系的建设发展。

海洋行业企业立足海洋科技自身需求和应用方向,通过工业互联网的铺设实施,一方面带动涉海企业创新能力提升、驱动内生动力不断增长;促进海洋装备制造业泛在物联,生产管控透明化;提升涉海企业生产效率、管理质量、运维养护和生产安全质量,降低企业成本。另一方面,从产业链协同的角度出发,集合产品研发、设计制造、供应链协同发展,协同产业升级与业态成长、模式创新与发展;最终实现产业集群增长,资源精准对接,生态创新发展。

7.3.2 海洋经济产业工业互联网接入案例——以港口码头建设为例

海洋经济产业中,港口码头属于重型装备制造行业,这一行业的机械化程度高、智能化、可行性大,推行港口自动化系统建设,能够为全国的港口码头行业带来一场科技革命。并不断地向产业链上下游延伸,最终实现高效、可靠、便捷、绿色、安全的解决方案。

上海振华重工(集团)股份有限公司(ZPMC),是1992年成立的重型装备制造行业知名企业,是全球最大的港机产品制造商,占有全球市场80%以上的份额。华为是全球领先的信息与通信(ICT)解决方案供应商,致力于构建更美好的全连接世界,为客户创造最大的价值,提供有竞争力的ICT解决方案、产品和服务。上海振华重工与华为联合,通过工业级蜂窝无线专网与港口自动化软硬件平台的有机结合,实现大型港口机械装备无人驾驶或远程操控模式下的自动化作业,提升港口的生产作业效率和安全性。

这一项目作为全球最大的自动化港口码头(上海洋山港四期自动化码头)的总包方。上海振华重工集团联合华为技术有限公司,综合运用现代自动控制技术、工业无线专网技术及大数据分析等相关技术,在上海洋山港及振华南汇基地开展集装箱AGV无人驾驶运输,RTG远程操控等码头全自动化的创新业务应用。

与传统人工码头不同,洋山港四期码头的建设目标是要建成一座高科技创新型码头,测试床的首要目标是实现码头生产系统智能化,码头设备由操作人员进行远程操作,降低人员依赖,提高生产效率。其次是通过测试床引入的工业控制及无线网络验证,探索以钢结构为主的工业园区场景对无线业务承载的需求,通过港口无线互联实践,形成工业园区智能无线互联示范。

　　未来,通过港口无线自动化测试床的外场组网和测试验证,基于免授权频谱的 eLTE-U 蜂窝无线网络再端到端时延、业务容量及覆盖能力等无线网络性能方面完全能满足港口自动化 AGV 水平运输系统的业务需求,助力上海洋山深水港四期工程项目建设。通过一张工业级的蜂窝无线专网将码头水平运输系统及安全监控系统,与港口 TOS 业务系统无缝衔接。结合大数据分析、人工智能及工业互联网技术,实现传统码头到全自动化码头的跨越。为以钢结构为主的自动化仓储大型工业园区,如钢铁厂、造船厂、油气园区的工业无线智能化业务提供应用示范,强化智能制造 2025 在设备智能大数据分析、计算能力以及工业互联网平台等相关领域的技术积累,降低经济和时间成本,提升社会整体生产效率。

7.3.3　工业互联网助力海洋经济发展建议

　　加快海洋工业互联网建设,形成区域海洋经济核心竞争力。海洋经济的发展离不开海洋基础设施、海洋制造业的铺设和完善,工业互联网的高带宽、低时延、高可靠性和高安全性可以在海洋经济发展初期解决陆地经济当前面临的转型瓶颈,不需要依靠外网作保障,一经使用就可以实现跨车间、跨工厂、跨地域的瞬时互联。产业型海洋工业互联网的建设,不仅能够推动海洋经济的快速、高效发展,还可以加快新旧动能转换,甚至是新旧动能替换。

　　将人工智能和大数据技术应用在海洋经济建设中,将大大提高海洋经济的单位劳动生产率。这一技术的应用可以通过构建海洋数据传感网络、海洋经济智慧平台等解决方案,来实现人们对海洋经济的全时监控、全域监管,通过数字孪生等技术使人类对一些以前由于技术限制而无法实施全时段操作的海洋产业可以实现模拟控制,减低运维成本、减低安全风险等,从而凭借区域海洋资源、海洋产业的纵深发展形成区域海洋经济核心竞争力。

　　推动海洋信息公共基础设施铺设。工业互联网的高效、快捷取决于网络信息技术中指示标识的认定。要实现海洋经济工业互联网的成功架设,不仅需要来自市场的自发建设,还需要来自各级政府的政策保障和推动实施。各级政府要严格按照统一的工业互联网指示标识进行区域铺设,制定工业互联网海洋指示标识认定体系与解析标准,推动海洋资产管理与海洋资源配置优化,实现动态的溯源追踪,推动海洋信息公共基础设施建设。

　　人类对海洋的认识还处于初级阶段,中国海洋经济还没有沉重的历史遗留负担,在建设开拓初期,直接同步建设海洋工业互联网,建设海洋信息公共基础设施,推进海洋工业互联网指示标识的制定认证,是对新时代生产力的解放,是对海洋经济生产资料和生产方式的创新。

推进海洋经济大数据处理中心建设。海洋工业互联网建设和工业互联网海洋指示标识的量化使用,都离不开数据处理,这个规模是十分庞大的。同时,海洋经济发展和海洋基础设施建设过程中,需要大量的数据分析与处理,建设专业的海洋大数据处理中心,满足工业互联网在海洋经济建设中产生的大量数据存储、分析、处理等需求,是市场发展需求更是制造业转型、新旧动能转换的题中之意。专业海洋经济大数据处理中心,通过扁平化、IP 化、无线化的技术使用,能够更快、更好、更高效地与工业互联网的全国大盘对接,实现海洋数据的无障碍传输,带动我国海洋经济的新增长,开拓海洋制造业的新局面。

建设涉海企业安全感知预警平台。随着亚洲新兴经济体的崛起,中国正打破世界贸易格局,传统的以西方发达海洋经济国家为主的海洋贸易格局也同样面临中国的突破。于是,既能促进我国涉海企业快速发展,又尽可能保护企业应对国际市场风险的感知预警平台建设十分必要。构建国家、省域、市场三级海洋安全态势感知平台,利用海洋工业互联网平台和海洋大数据处理分析技术,实现海洋经济安全的可感、可知、可监管,进一步加强对海洋经济和海洋基础设施建设方面的应用创新,为海洋经济繁荣奠定良好基础。

7.4 涉海高科技产能国际合作发展

20 世纪 80 年代以来,发达国家之间、发达国家与发展中国家之间以及发展中国家之间的高科技产能合作都呈现不断增长态势,这一发展趋势不断地影响着全球经济发展与科技进步的速度与效率。在海洋领域,涉海类和专业海洋类高新科技的发展同样十分迅速,由于海洋的连续性、流动性和未知性等特点,海洋领域的科技发展国际合作密切得多。

7.4.1 高科技产能研发国际合作日渐紧密

20 世纪 80 年代以来,为了适应《联合国海洋法公约》所建立起来的国际海洋法律新秩序和海洋高技术产业化步伐加快的新形势,美国、日本、英国、法国和德国等国家分别提出优先发展海洋高技术的战略决策。目前全球海洋高技术发展前景较好的产业：一是海洋生物。优良品种培育、海洋药物成为该领域当前国际上海洋生物技术开发的和产业化的两大热点。二是深海勘探开发。主要包括海洋油气等资源高效勘探技术及装备开发和深潜技术与装备开发。三是海洋环境监测。主要包括海洋环境实时动态监测、海洋环境要素观测、水声应用技术、海洋遥感等技术开发以及相关海洋监测仪器设备开发。四是海水淡化、海水综合利用技术及开发。

　　目前我国海洋高技术开发和产业化正处于成长期，海洋经济产业结构正从传统海洋产业为主向海洋高新技术产业逐步崛起与传统海洋产业改造相结合的状态发展。从发展布局来看，我国海洋高技术产业发展表现比较突出的是环渤海地区的沿海城市，长三角作为我国经济最发达的沿海区域之一，除了上海，其他沿海城市在海洋高技术产业发展方面优势不突出。为顺应国际海洋高技术发展的趋势，结合我国目前海洋高技术发展的客观情况及实际需求，近来我国海洋高新技术领域确定了四个重点发展方向：一是海洋生物技术与制药，包括生物药品与保健品、海洋渔业生物技术、高效健康海水养殖配套技术、工厂化养殖技术、近海生物控制和生物修复技术；二是海洋工程技术，包括海岸工程技术与产业、海洋油气勘察开采工程技术、海洋工程勘察；三是海洋监测技术；四是生态环境保护，包括海域污染监测能力和灾害防御能力。

　　当今，海洋高科技领域的国际合作方式主要有四大类型：

　　第一种合作类型通常是以一国为主，提出海洋科研前沿技术，实现高科技成果的开发与合作方案，在国际范围内召集多边国家共同推进某一海洋先进技术的落实开发。海洋生物基因项目就是这种合作类型的典型。以海洋生物基因测序技术为例，地球生物基因组计划（ebp）由美国率先提出，面向真核生物，包括所有的植物、动物种群和单细胞生物，当然也包括海洋中的一切真核生物。欧美等发达国家相继参与这一项目，由于海洋生物种类规模浩大，涉及领域广泛，需要大量的科技人员和企业共同参与，通过广泛的国际合作，共同研发才能实现。为此，美国极力寻求合作伙伴，欧洲主要发达国家、亚洲的日本和中国等，出于共同的目标和各自的需要，分别承担项目中的不同任务，共同完成这一规模浩大的基因项目。

　　第二种合作类型则是主要由两个或两个以上的国家和地区在平等互利的基础上，共同提出某海洋合作项目和具体合作方案，并共同组织实施，最后成果共享。深海勘探开发领域，以近年来开展深海矿业为例，加拿大和英国等一些海洋产业发达的国家,深海矿业已经相继开始投入实际生产阶段。国际海底区域多金属结核在 20 世纪 70 年代已经完成多金属结核的勘查和采矿试验,到 80 年代末期基本完成了多金属结核商业开采的前期技术储备。这一项目涉及水下机器人、通信、电力供应等配套技术。加拿大的鹦鹉螺矿业公司为代表的深海矿产资源开发企业已经开始海底采矿相关工作,加拿大在巴布亚新几内亚的卑斯麦海索尔瓦拉一期铜金矿项目将在今年正式投产,这将是全球第一个进行实际运作的深海矿业项目。

第三种合作类型是在各国单独从事海洋科技开发的基础上,再进行国际联合和分工协作。欧洲太空署的工作就是这类合作的最好案例。在欧洲太空署成立之前,西欧各国各自单独承担研制火箭和卫星的任务,由于力量单薄,进展比较缓慢。联合后,根据分担的任务和研制费用的多寡确定负责成员。如"阿丽亚娜"火箭的研制 60% 的费用是由法国提供的,就由法国国家空间研究中心负责,而空间实验室由于联邦德国提供的费用最多,法国只承担 10% 的经费,该实验室就由德国负责。各国单独开发的有关高科技成果,如有独立的商业价值,由各自所有,而这些成果汇集形成的空间领域的系统成果,则共同享用。这一举措大大提高了参与合作国家的空间科学技术水平和研究与开发效率。

第四种合作类型是以一国海洋科学技术为主进行开发研制,其他合作成员直接应用其成果。这一合作模式比较典型的是海洋淡水利用技术。以色列在海水淡化方面的研究技术和市场化领域都十分超前,沙漠地区的国家多半选择直接购买使用以色列的海水淡化技术及相关研发成果,而少有独自承担研发。目前,以色列的海水淡化技术成果已经遍布世界各地,市场占有率相当高。

7.4.2　高科技产品生产—经营的国际合作模式

中国海洋高科技领域的国际合作与我国改革开放的进程同步。涉海企业高科技产能国际合作也应时而为,在高成本、高技术含量的海洋经济发展中作出了大量的贡献。涉海企业高科技产能国际合作同样经历了从"请进来"到"走出去"的过程,并逐步在国际海洋经济领域攀升至"引领"地位。当前,涉海企业高科技领域的国际合作生产与经营,也主要是通过成立跨国公司或子公司的方式进行的,当然也有其他合作方式,由于规模较小本书暂不作归纳。主要方式概括起来,有以下几种类型:

(1)从生产到经营实行全方位的全面合作。合作各方都以平等身份,以投资、固定资产、无形资产等入股,共同组成董事会、监事会,任命经理人员,风险共担,利润共享(按股份分成)。我国与国外合作的许多高新技术企业都属于这种类型。如武汉东湖新技术开发区的长飞光纤光缆有限公司,就是我国邮电部、武汉市政府与荷兰飞利浦公司共同投资创建、与荷兰德拉克控股公司共同经营管理的一家光纤光缆专业生产企业。十年来,在合作各方的共同努力下,几经扩大生产规模,使公司在国内外光纤光缆市场占有率逐年增加,实力不断增强。

(2)合作生产,分别销售。合作各方分别以不同的形式(或以投资形式,或以提供厂房和劳动力等)参与生产过程,生产出来的合格产品按预定数量或比例分别进行销售,销售收入互不干预。大连某中日合资厂合作生产一种生化产品就是采用这种形式。

(3)合作生产,一方负责销售。合作各方分别以不同形式参与生产过程,生产出来的合格产品由一方负责包销,并按预定价格计算销售收入,然后按股份或预定的比例分成。我国某些乡镇企业与外商的合作,就是这种类型。

(4)一方负责技术设计、投资和产品销售,另一方主要承担产品的生产。据报道,近年来美国出现一种新型公司,这种公司只从事产品设计和销售,而把生产转移到低劳动报酬的国家进行,公司自身"空心化"。美国通用电气公司出售的家用电子产品实际上全是在亚洲国家的某些企业生产的。

7.5 需求市场释放增长活力保障海洋经济有序发展

社会主义的对外开放理论在形成过程中,关于对开放的认识是从引进来到参与经济全球化再到构建更高层次的开放新体制的理论深化,不仅符合世界贸易一般规律,更有力地推动了我国对两个市场、两种要素资源的有效整合。更关键的是,这为中国海洋经济高质量发展提供可靠理论和经验保障,需求市场与新科技的结合,弥补了中国海洋经济发展要素禀赋的非均衡分布,提高了经济发展要素配置效率,从内在能力提升和外在市场拉动两个方面,推动、保障海洋经济高质量发展的顺利进行。

7.5.1 消费结构不断升级

与生产结构变化及人力资本和实物资本相适应的是国内需求构成的变化,

经济增长的动力转向消费、投资、出口协调拉动。特别是内需拉动经济作用明显增强,2019 年,内需对经济增长的贡献率达到 89%。一个特殊情况是 2019年底爆发的全球新冠病毒疫情造成的全球经济停滞,将会增加内需对国家经济的贡献率。

一是消费日趋成为经济增长"稳定剂",其基础地位日益增强。1960—1999年间显示的世界不同收入国家国内生产总值使用结构变化,工业化阶段经济结构演变所具有的共同规律是投资率先不同程度升高,各国生存型消费占 GDP比重处于较高水平,在工业化进程结束后,投资率和消费率趋于稳定,生存型消费占 GDP 比重持续下降,发展型消费占 GDP 比重上升并保持稳定。根据支出法国内生产总值计算,我国投资率在 1978—2010 年间呈上升态势,消费率则相反,2010 年之后,消费率上升,投资率回落,二者的差距越来越小,开始呈现协调稳定发展趋势。根据中国统计局数据计算,2013—2017 年,中国最终消费支出拉动经济增长的年均贡献率为 56.2%,超出资本形成总额贡献率 12.4 百分点。按照不变美元价格计算,2016 年中国最终消费对世界消费增长年贡献率达到23.4%,居全球首位。2019 年全国居民人均消费支出 21559 元,比上年增长8.6%,扣除价格因素,实际增长 5.5%。其中,人均服务性消费支出① 9886 元,比上年增长 12.6%,占居民人均消费支出的比重为 45.9%。

图 7.1 2015—2019 年间国内生产总值及其增长速度

数据来源:国家统计局

消费支出构成发生变化。2013—2019 年,全国居民人均消费支出从13220.4元上升为 21559 元,其中食品烟酒所占比重从 31.2%下降至 28.2%,衣着所占

---

① 服务性消费支出是指调查户用于本家庭生活方面的各种非商品性服务费用。

比重由 7.8％下降至 6.2％,居住所占比重有所上升从 22.7％升为 23.4％,交通通信、教育文化娱乐、医疗保健所占比重分别从 12.3％、10.6％、6.9％上升至 13.3％、11.7％、8.8％,由此国内居民食物的消费占总支出比重减少,其他消费在总支出的份额增大,说明中国消费结构正在从物质消费转向服务消费,教育、文化、医疗等方面的消费需求很大,为服务业注入活力和动力。

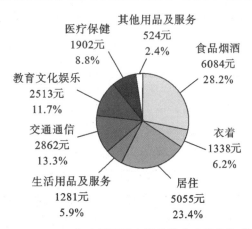

图 7.2　2019 年全国居民人均消费支出及其构成

数据来源:国家统计局

7.5.2　投资结构不断改善

投资在三大需求结构中比例降低的同时,投资内部结构明显改善。在科技创新的驱使下和需求快速拉动下,2019 年资本形成总额的贡献率为 31.2％,货物和服务净出口的贡献率为 11.0％。人均国内生产总值 70892 元,比上年增长 5.7％。国民总收入 988458 亿元,比上年增长 6.2％。全国万元国内生产总值能耗比上年下降 2.6％。全员劳动生产率为 115009 元/人,比上年提高 6.2％。

中国资本形成总额占 GDP 为 44.0％,高于世界 24.3％的平均水平。从纵向角度来看,我国在高技术产业方面呈现快速发展的态势,2018 年,全年高技术产业投资比上年增长 14.9％,工业技术改造投资增长 12.8％,规模以上工业中,战略性新兴产业增加值、高技术制造业增加值分别比 2017 年增长 8.9％、11.7％,高技术制造业增加值占规模以上工业增加值的比重达到 13.9％,装备制造业增加值增长率为 8.1％,占规模以上工业增加值的比重为 32.9％。全国高技术产业增长 13.4％,占规模以上工业增加值的比重为 12.7％,固定资产投资完成额达到 42912 亿元,同比增长 15.9％。《2019 世界发展报告》的主题是科技对未来经济和就业的影响,也就是技术进步能够提供新的工作岗位、可以提高生产率以及为之提供高效的公共服务。研究显示,中国对教育和健康的投资指数是 0.67,在全球的 160 个国家、地区当中排名第 46 位,这一指数越接近 1 代表下一代工人实现完整教育和全面健康的潜力越大,也说明在现在这个科学技术快速进步的时代,人们在人口健康与教育投资方面更应该关注,只有劳动力要素条件改善了,才能有更健康和更高知识的队伍,才能在这个高科技时代中更易找到工作。

7.5.3 内需市场不断扩大

近年来,庞大的内需市场创造了良好的市场条件,中国消费市场的潜力巨大,中国是一个由近 14 亿人口构成的巨大消费市场,人均国内生产总值近 9000 美元,中等收入群体大于 4 亿人,随着人均收入水平的提高,消费市场规模和消费升级空间还在不断扩大,预计 2020 年,我国居民消费需求将从 2017 年的 37 万亿元增长到 48 万~50 万亿元。伴随中、高等收入群体对优质产品和个性化服务的需求逐步扩大,庞大的高端需求为国产品牌施展才华创造了市场机会。根据中国商务部统计信息,2016 年,我国网络零售总额达到 5.16 万亿元,占全球的 40.6%,是美国的 2.1 倍。国内消费群体数量是庞大的,2016 年我国全体居民消费水平是 1978 年的 18.2 倍,居民消费占 GDP 比重达到 41.4%,这一比重超过美国。随着互联网的兴起和广泛应用,中国市场上,包括长短视频和移动游戏的在线娱乐方式、新型零售、移动网络支付等方面都取得新进展,2017 年底中国网民规模达到 7.72 亿人,比 2016 年增加了 4100 万人,占总人口比重达到 55.54%。同年网上零售额为 7.18 万亿元,意味着每千人就贡献了 1 亿元的销售额,折射出我国居民旺盛的购买力和市场潜力。2018 年全社会消费品零售总额 380987 亿元,2019 年社会消费品零售总额 411649 亿元,比上年增长 8.0%。按经营地统计,城镇消费品零售额 351317 亿元,增长 7.9%;乡村消费品零售额 60332 亿元,增长 9.0%。按消费类型统计,商品零售额 364928 亿元,增长 7.9%;餐饮收入额 46721 亿元,增长 9.4%。庞大的内需对经济增长的贡献呈现直线上升的趋势,消费快速升级带来的市场增量逐渐扩大,成为中国经济的"第一引擎"。

7.5.4 外需市场不断拓宽

产品的进出口可以使一个国家进入拥有众多机会的国际市场,企业为降低出口成本,提高生产效率,提升生产技术,进而带动整个社会生产率的提高。改革开放 40 年,特别是近年来,中国致力于全方位开放市场,国际市场迅速扩大,中国成为世界第一大出口国、第一大外汇储备国、货物贸易第一大国。我国货物贸易总额由 1978 年的 206.4 亿美元增长到 2017 年的 4.1 万亿美元,年均增长 14.5%,占全球货物贸易的比重由 0.8% 提高到 11.8%。据世贸组织数据统计,2013 年成为我国超越美国并成为货物贸易第一大国的具有历史意义的一年,进出口总额高出美国近 2500 亿美元。自 2013 年起,中国对外投资首次突破 1000 亿美元,2017 年继续上升到 1250 亿美元,到 2018 年维持在 1200 亿美元左右,海外投资存量约 19295 亿美元,成为全球第三大对外投资国和发展中国家中最大的对外投资国。2019 年全年货物进出口总额 315505 亿元,比上年增长 3.4%。

图 7.2　2015—2019 年间货物进出口总额

数据来源:国家统计局

全年服务进出口总额 54153 亿元,比上年增长 2.8%。其中,服务出口额 19564 亿元,增长 8.9%;服务进口额 34589 亿元,下降 0.4%。服务进、出口逆差 15025 亿元。

表 7.5　2019 年中国对主要国家和地区货物进出口额、增长速度及比重

国家或地区	出口额 (亿元)	比上年增长 (%)	占全部出口 比重(%)	进口额 (亿元)	比上年增长 (%)	占全部进口 比重(%)
欧盟	29564	9.6	17.2	19063	5.5	13.3
东盟	24797	17.8	14.4	19456	9.8	13.6
美国	28865	−8.7	16.7	8454	−17.1	5.9

(续表)

国家或地区	出口额 (亿元)	比上年增长 (%)	占全部出口 比重(%)	进口额 (亿元)	比上年增长 (%)	占全部进口 比重(%)
日本	9875	1.7	5.7	11837	−0.6	8.3
中国香港	19243	−3.6	11.2	626	10.9	0.4
韩国	7648	6.6	4.4	11960	−11.4	8.4
中国台湾	3799	18.3	2.2	11934	1.9	8.3
巴西	2453	10.8	1.4	5501	7.4	3.8
俄罗斯	3434	8.5	2.0	4208	7.5	2.9
印度	5156	2.1	3.0	1239	−0.2	0.9
南非	1141	6.4	0.7	1784	−0.8	1.2

数据来源:国家统计局

全年外商直接投资(不含银行、证券、保险领域)新设立企业 40888 家,比上年下降 32.5%。实际使用外商直接投资 9415 亿元,增长 5.8%,折 1381 亿美元,增长 2.4%。如表 7.6 所示。其中"一带一路"沿线国家对华直接投资新设立企业 5591 家,增长 24.8%;对华直接投资(含通过部分自由港对华投资)576 亿元,增长 36.0%,折 84 亿美元,增长 30.6%。2019 年全年高技术产业实际使用外资 2660 亿元,增长 25.6%,折 391 亿美元,增长 21.7%。

表 7.6 2019 年外商直接投资(不含银行、证券、保险领域)及增速

行业	企业数 (家)	比上年增长 (%)	实际使用 金额(亿元)	比上年增长 (%)
总计	40888	−32.5	9415	5.8
其中:农、林、牧、渔业	495	−33.2	38	−27.9
制造业	5396	−12.3	2416	−11.0
电力、热力、燃气及水生产和 供应业	295	3.9	239	−17.6
交通运输、仓储和邮政业	591	−21.6	309	−1.6
信息传输、软件和信息技术服 务业	4295	−40.5	999	29.4

（续表）

行业	企业数（家）	比上年增长（%）	实际使用金额(亿元)	比上年增长（%）
批发和零售业	13837	−39.5	614	−4.5
房地产业	1050	−0.3	1608	8.0
租赁和商务服务业	5777	−36.5	1499	20.6
居民服务、修理和其他服务业	361	−25.6	37	−0.4

数据来源：国家统计局

中国在政策上将开放投资市场，同时世界也看好中国投资机遇。目前，全球有 100 多个国家和国际组织参与到"一带一路"建设中，其建设内容纳入联合国大会、联合国安理会等重要决议之中。2017 年，我国对"一带一路"沿线国家承包工程业务完成营业额占我国对外承包工程业务完成营业额的比重为 47.7%。"一带一路"沿线所属国家和地区的对华直接投资成立的企业达到 3857 家，增长 32.8%，较同期全国平均水平高出 5 个百分点。"一带一路"为中国的企业走出去打开大门，特别是大量中小企业陆续走出去，拓展新的市场与业务，从而拉动了全球贸易的快速增长。2017 年，我国与"一带一路"沿线国家和地区贸易额达到 7.4 万亿元（约合 1.1 万亿美元），比 2016 年增长 17.8%，远高于同期全球贸易 4.3% 的平均增速。中国的中西部地区对外贸易总额的比重也由 2013 年的 14% 上升至 2017 年的 16%。国际市场的扩大化，特别是新市场的开辟使得中国的出口竞争优势依然存在，成为支撑经济高质量发展的又一有利的外部条件，并成为引领经济全球化的重要力量。

第8章　新能源产业对海洋产业
资本市场的启发

尽管中国经济初步具备实现高质量发展的有利条件,但是中国海洋经济距离实现高质量发展还有一定差距,尤其相比海洋经济发达的国家,在创新能力、新产业开拓等方面都存在较大差距,海洋产业转型升级也没有完成。十三届全国人大二次会议报告提出"新兴产业蓬勃发展,传统产业加快转型升级"。在扎实打好三大攻坚战方面指出:"全面开展蓝天、碧水、净土保卫战。优化能源和运输结构。""绿色发展是构建现代化经济体系的必然要求,是解决污染问题的根本之策。"十九大报告对海洋经济的发展提出新的需求,在完成了物质基础与技术基础的准备过程后,海洋经济进入可以全面发展的阶段,"加快海洋强国建设"中国经济形态和开放格局呈现出前所未有的"依海"特征。

我国对于新能源产业的开发利用相比西方国家,尤其是北欧的芬兰、挪威等国还有很大的发展空间。虽然在说法上欧洲国家普遍使用可持续发展能源更多,但是与我国的新能源概念在本质上有异曲同工之处。两者都立足于目前自然资源的可持续利用与开发,以环境保护、人与自然和谐发展为准则,高效、低耗、可持续地促进人类社会经济发展。

8.1　新能源产业的发展现状

8.1.1　新能源产业发展背景与理论综述

世界经济的发展离不开能源需求。我国自 1993 年起就已经成为一个石油进口国家,并且能源需求与日俱增。海关数据显示,2018 年中国燃料油进口量总计 1660.62 万吨,同比增加 311.82 万吨或 23.12%;年度出口量总计 1216.90 万吨,同比增加 125.43 万吨或 11.49%。2018 年中国燃料油对外依存度为

17.59％,同比上涨 9.2％。石化能源具有不可再生性,且伴随石化能源的大量使用,世界范围内环境污染日趋严重。寻找洁净、安全、可再生的新能源已经成为人类社会实现可持续发展的重要课题。在此背景下,新能源的开发投产越来越受到社会重视,这对减少对石化资源的依赖程度,保证国家能源安全,实现我国能源来源多元化战略发展和社会可持续发展有十分重要的意义。2015 年 3 月,中国政府发布《推动共建丝绸之路经济带和 21 世纪海上丝绸之路的愿景与行动》,得到了国际社会的积极响应。推动中国能源与世界能源市场接轨,推进中国能源国际合作,深化我国新能源产业国际化发展,加强与“一带一路”沿线国家能源产业投资合作,对保障我国能源安全,实现可持续发展有重要意义。

2016 年开始,中国取代美国成为世界最大新能源生产与消费国家。但是在市场培育、投融资开发等方面并没有因为量的提升而随之进入新的发展阶段。美国生态经济学家克里斯托弗·弗拉文(2008)总结全球新能源事业创新发展的优缺点,以及严重的环境破坏促使人类急切地要更换能源使用方式,依此来增加能源的使用效率,新能源产业的创新发展目标是大力开发新能源。Jenner,Steffen 等 27 国科学家,选取 1990—2010 年的 20 年间数据研究了政府对新能源产业创新发展的支撑原因和一些国家降低电力价格的因素。Lyon,Yin(2010),通过新能源的利用效率标准(RPS),研究了政府对与新能源产业创新发展的支持原因。Tukenmez,Mine 等科学家,对土耳其国家新能源产业创新发展的新政策规定进行了研究,得出 20 世纪 70 年代的能源短缺危机之后,土耳其政府对原有传统能源使用率的限制和对新能源产业的开发利用。处于土耳其人口增长迅速,传统能源不能满足国民生产生活需求增长的速度的考虑,土耳其政府因而鼓励支持新能源产业发展。莱斯特·R·布朗认为,新能源法的研究分析等会成为全球能源产业关注的焦点。Wietschel M 等(2007)针对欧盟国家在氢能技术领域的竞争力和氢能作为欧洲国家能源的经济影响作出分析,得出结论为引入氢能不会导致欧盟在进出口流量方面的显著变化,但是欧盟成员国的就业机会将会增加。Caspary G(2009)研究了不同情况下新能源可发电成本与传统能源的长期成本比较问题,以评估未来 25 年哥伦比亚多种新能源的竞争力。Dögl C 等(2010)分析了德国与俄罗斯在新能源公司的竞争优势,提出生物质能、太阳能和风能领域存在巨大商机。France's G E 等(2013)基于投资组合方法,对新能源电力进口问题作了重点分析,研究新能源对给定能源组合的供给安全性方面的贡献。

国内学者钱伯章在对中国新能源产业提出了未来发展前景,石油等传统能源发展到现在其潜力已逐步下降,出于国民生产和国家能源安全考虑,必须找到一种代替石油的新资源,而新能源则是很好的选择。杜祥琬、黄其励、李俊峰、高虎对新能源产业作了系统、科学的阐述,认定其能够在未来发展中代替使用成为新的战略资源,这是一种更加环保和适应社会生产生活发展需要的新能源。国内很多学者还对新能源的国际竞争力进行相关研究。金和林等(2013)选取 1996—2011 年间的我国新能源的国际竞争力发展变化进行分析,得出中国新能源产业的发展潜力较大的结果。蒋凯(2016)的研究显示,环境产品的出口贸易量不断增加,逐渐成为中国出口贸易中新的增长点,但是我国整体环境产品出口竞争力尚待加强。

有些学者则较为关注中国在国际市场中新能源领域合作的比较优势。许泰秀(2010)对中、韩两国新能源发展进行了多角度比较,基于市场和技术条件研究两国在新能源领域合作的优势。杜秋玲(2012)利用钻石模型对中国光伏产业的国际竞争力进行了比较研究,分析中国光伏产业的发展优劣势,借鉴其他国家在这一领域的成功经验以对我国光伏产业发展提出建议。学者们对新能源的研究探索为海洋新能源产业的发展提供重要的借鉴依据,在海洋潮汐能、风能、生物能等方面的市场化深入和商业价值挖掘上提供了科学参考。

8.1.2 海洋新能源市场发展现状与需求

当前,海洋新能源主要包括海洋风能、波浪能、潮汐能和海洋生物能等新型海洋能源。它们共同的特点就是资源丰富、清洁干净、可再生性强,与生态环境和谐,被联合国环境组织视为目前最理想、最有前景的替代能源之一。我国的海岸线漫长,海域辽阔,海洋能源十分丰富,市场潜力巨大。就现有市场规模估算,近海域波浪的蕴藏量约为 1.5 亿千瓦,可开发利用量为 3000 万～5000 万千瓦,海洋风能约有 7 亿千瓦潜在市场供给能力。

现阶段,海洋新能源产业在科技支持和市场培育方面还没有形成规模。主要问题集中在核心技术和创新水平相对发达国家比较落后,资本激励机制不够完善,海洋新能源市场持续发展的高效机制还没有形成,社会对海洋新能源市场的开发和利用价值以及潜力没有充分认识,对资本市场的吸引力不大等都不同程度地制约着海洋新能源市场的发展。可是,我国能源消耗却与日俱增,调查数据显示,中国单位 GDI 能源消耗是世界平均水平的 4 倍,每年我国的 GDP 增长都有 4%～6%被环境代价抵消。而对于占地球表面积 71%的海洋来说,能源蕴藏量十分丰富。利用海洋新能源代替传统化石能源,既符合经济需要,又有利于环境,是未来能源中的重要组成。因此,海洋新能源产业的发展对我国海洋经济发展有十分重要的意义。

海洋新能源产业的发展对促进海洋产业的可持续发展、延伸和提升海洋经济规模和质量以及带动沿海腹地区域经济发展有重要意义。当前,海洋经济结构正在向高质量发展迈进,发展海洋新能源是海洋产业和科技发展的新版块、新重点。在这一起跑线上,世界各国共同面对新的技术突破和创新难点,我们在加快海洋强国建设过程中,特别要抓住机遇在海洋新能源领域实现较快发展。

此外,海洋新能源的发展不仅依赖对创新和核心技术,对资金的需求和资本市场健康运转的依赖也十分明显。为海洋新能源产业设计专业的金融产品,建设规划良好的海洋新能源投融资市场对我国海洋新能源产业的健康发展、海洋经济高质量发展和区域经济核心竞争力的形成都有十分重要的意义。

8.2　挪威新能源产业投资经验借鉴

挪威善于利用自然资源的历史悠久,虽然化石能源的石油和天然气是国内的支柱产业,但是对于新能源发电的开发和利用接近 100%。在挪威全境内约有 98% 的发电总量来自新能源,尤其是水电。丰富的自然资源为挪威新能源产业的研发生产活动提供了良好的基础,水电、风电、生物质能等能源不断丰富着挪威的新能源市场,使其对自然资源的开发利用和投资市场发展日渐稳定。这不仅有利于自身新能源产业的发展,对本国工业发展和社会福利也提供了新的发展空间。

8.2.1　挪威新能源产业政商环境

欧洲新能源市场的发展十分迅速,从研发生产到市场投资整个系统都较为成熟。减少温室气体排放已经成为大多数国家能源和环境整治的主要目标。为实现这一目标,众多国家都采取政府补贴的措施,挪威也是如此。2000 年的政府能源基金,2001 年的 enova-sf,以及近年与瑞典合作的 el-证书市场。欧盟的能源目标是到 2020 年其能源产量的 20% 来自新能源。而挪威已经对新能源的利用达到 67.5%。挪威在水电和风力资源方面具有天然优势。过剩的能源还可出口到欧洲其他国家协助其实现气候目标,提高开发可再生资源的技术水平和能力。

挪威的政商环境相对安全和开放。其国家新能源发展战略规划十分稳健，因此这一产业在挪威的发展稳定、迅速。科研院所也为挪威新能源的发展提供了巨大支持，例如挪威国家研究院、挪威创新署以及 enova 的 SF 研究理事会等，都为这一产业的智力支持作出了贡献，增加了通过鼓励社会资本投资促进新能源在环境问题解决方案的一些创新资助计划。2021 年前，挪威将采用新设施并开始生产运行，以使其从与瑞典共享的 el-证书市场中受益，并在未来的产业发展中带动社会各界投资。

根据挪威能源法案规定，工厂生产或能源网的发展和运行都需要具备安装和生产许可证等。根据能源法和水资源法，挪威水资源和能源局（NVE）为能源和水利的主要管理机构，具有授予安装和生产许可证的资格。该许可证授予期限通常为水电 30 年、风电 25 年，多数许可证期满可以申请延期。另有使用于小规模水电（小于 10MW）和其他新能源项目的特别项目许可，这对投资者非常有吸引力。长期许可证保证了挪威新能源市场投资者的投资活动的安全性和市场可预测性。

8.2.2 挪威主要新能源产业投资市场

风能的开发利用。挪威的风电产业十分发达，优良的长海岸为风电的发展提供了基础。挪威拥有欧洲最好的风能资源，风速较高，从而使风电场输出能量具有更大的潜能。海上风动，世界上第一个漂浮式风力发电机组自 2009 年以来一直在挪威外海 10 千米范围内运转，容量为 2.3 兆瓦。挪威鼓励近海石油和天然气行业为风电产业提供其高度专业的相关技能。

尽管拥有巨大的风力资源，风电装机容量在挪威相对较少的原因部分由于缺少能够有力吸引投资的支持计划和水电的高可用性及开发的低成本。目前在挪威有很多可投资的特许项目，仅仅等到风力涡轮机供应商和承包商将价格调整得更具吸引力，使投资回报率更高。当前挪威风能投资市场，受到国际投资者（包括工业和金融投资）的关注，为适应国际投资活动特点和吸引国际投资，挪威将本国新能源法规放宽，以期在市场相似条件下具有更大的竞争力。

水能的开发利用。挪威目前是欧洲最大、世界第六大水电生产国。挪威国家电力公司 SF 是欧洲最大的水电生产商，目前生产水力发电量为 130 亿千瓦时，并且这一生产能力逐年增长。

挪威水电厂多是储层水电，通常具有高度灵活性并且生产能力稳定，可以实现按需调整。凭借国内众多的湖泊冰川，挪威拥有便利的天然水库，从而有利于降低投资成本，从而减低生产成本，提高经营利润。挪威在水电生产领域经验丰富，涵盖水电项目生产需求的各个方面。此外，挪威政府对于水力资源的管理运营已经有 100 多年的经验，在规范制定和水资源管理方面能力较强，对于水力新能源市场投资环境的形成和发展起到了重要作用。

生物质能的开发利用。生物质能的开发利用近几年成为挪威在新能源领域的新方向。基于挪威本国的市场环境和经济制度等因素，新能源市场开发体系和市场化应用在国民生产生活中都得到积极响应。这不仅是科学技术和国家力量的鼓励支持，挪威能够在绿色环保产业有如此大的国民认可度，更多的是根植于民族文化对于大自然的敬畏和爱护。经济实力雄厚的企业集团主动参与新能源的市场研发和开发利用，与科研机构共同研究有利废弃物利用的能源来源，并且积极推动这一生物质能源技术的市场应用，最终目标是改善并减少污染排放量，在 2050 年能够实现碳中和的理想。根据挪威行政院环保署的解释，碳中和指的是在计算温室气体排放量后，透过内部减量及外部抵换达到"零排放"，意即大气中的碳含量排放的量和减少的量达到平衡，没有净增加。

随着世界范围内对环境污染问题的重视，远洋航运业现在也面临能源转型的问题。至 2050 年，航运业的二氧化碳排放量必须比 2008 年减少 50%，燃料中的硫化物含量必须从现行不得超过 3.5%，到 2020 年调降为含量 0.5% 以下。滨海旅游业中能源消耗最大的邮轮产业对环境的污染一直广受诟病。一般轮船所用的重质化石燃料油价格低廉，排放的硫和其他污染物水平更高，陆上汽车禁用，但远洋航运不在此限，而让重质燃料油成为多数航运公司的首选。来自世界自然基金会气候变化的数据显示，国际航运业造成的环境污染是英国温室气体排放量的两倍。

挪威的航运业历史悠久，至今仍是世界航运业的领军国家，邮轮产业是其社会经济的重要组成部分。渔业和林业也是其国内的大经济部门，创造了大量的就业职位和收入，也同样产生了大量的有机废料。通常，这些来自渔业和林业的有机废弃物在自然状况下都会产生沼气，食品加工业产生的有机废弃物多半会在垃圾掩埋场分解成温室气体并排放到大气当中。挪威高效的研发体系和积极的市场支持，使得大量的有机废料不但没有造成环境负担，反而成为新的资源和能源解决方案，为挪威在北欧国家的生物燃气市场中奠定了特殊的地位。

液化沼气（LBG）是一种不含化石的可再生气体，由死鱼和其他有机废物产生，是最环保的燃料。分解有机废料产生甲烷所制生物燃气，污染物和温室气体都较少,用于轮船前会先液化。沼气是航运中最环保的燃料,对海洋环境保护将是一个巨大的进步。挪威航运业通过引入沼气作为动力燃料,将于 2021 年产生全球第一家使用无化石燃料为船舶提供动力的航运公司。液化沼气在航运业中的推广使用,加上大型电池组的配合动力输出,将不仅实现积极应对航运燃料需求转型问题,还能带动更多的航运公司参与其中。

8.2.3 可再生投资市场结构

挪威有一个与其他北欧国家整合的开放式的电力市场。出口和进口是通过与瑞典、丹麦,德国和荷兰的直接能源链接进行的。该市场是由 NASDAQ OMX 欧洲商品公司和 Nord Pool Spot 公司主导的。

挪威电力系统运营商 Statnett,是一家拥有和经营主要能源网络的国有企业。为整个国家提供能源供应,需要约 11000 千米的能源线和大约 150 个网络站。使用这些运输设施的费用由所有用户共同承担。Statnett 负责挪威和英国、挪威和德国之间相互跨境能源网的建构。由于行业的结构性变化,预计未来实现新能源的远大目标所需的基础设施的投资将持续增加。过去几年,挪威新能源市场发生了包括输电网和配电网的几个并购交易,其中典型的市政府拥有的公用事业在一定程度上已经开始集中于能源的生产和区域能源网建设。该行业的这一部分已经独立成为一个新的行业,以促使能源网络和基础设施建设成为国家投资的重要组成部分,这也为进一步投资提供了机会。

8.2.4 新能源投资市场存在的问题与发展趋势

尽管挪威拥有巨大的风力资源基础,但是相比水电市场的发展程度,风电装机容量在挪威相对较少。通过市场调查,原因主要在于有较大部分是由于风电投资市场的发展规划缺少吸引社会各界资本的能力,相较于挪威水电资源的高可用性和开发的低成本,在两种新能源开发利用市场的竞争中,风电投资发展较慢。

不仅是风电项目,目前在挪威境内有很多可投资的能源类特许项目,在国家政策层面已经作出了足够的鼓励支持,国内居民对于新能源的接受程度也十分友好,但是投资热度不高。通过分析,主要问题更多地集中在市场层面。例如,风力涡轮机供应商和承包商的价格居高不下等问题拉低了风电市场的投资回报率。

在过去的几年中,挪威新能源领域的并购交易有所增加,有更多的投资者愿意投资能源生产。在挪威已经发生或将持续对外国投资者具有吸引力的资产交易包括基础设施(电网/配电)、风电(单个项目和投资组合)、集中供热和分较资产、小规模水电(投资组合)和偶尔的大型水电等即将出售的项目。在过去几年中也看到了金融工具的可用性,如对虚拟水电发电厂进行投资。预计,挪威持续的低能源价格将吸引绿色数据处理中心的建设,其中政府也将实施新的管理机制用以鼓励国际国内市场能源数据处理中心的建设。

虽然由地方或区域当局和市政当局拥有的地方公共事业公司,以及国有的Stakraft 和 Statnett 仍然是最大的公司,近年来更多的欧洲和国际电力和功用设施生产商对相关投资项目表现出兴趣,包括大型石油和天然气生产商的"绿色"投资部分。此外,典型的投资者和传统的投资基金、养老基金都增加了他们对挪威的关注。目前正在销售的大多数项目所吸引的国际投资者要比挪威国内投资者多。

8.3　我国海洋新能源投资市场存在的问题

8.3.1　新能源市场发展成本高,市场化程度低

我国新能源与传统能源相比,未来市场看好,也具有明显优势,国际能源市场的发展趋势也是如此。但是在我国境内,除了政府主持并投资筹建的,基本属于基础设施投资领域,事关国家能源安全与社会稳定的大、中型水电机组、风电机组,以及发展时间比较久的太阳能热水器产业外,大部分的新能源产品都还处在初级阶段。即科研技术水平与市场化程度较低,生产规模较小,资本市场介入程度不高,因而产业整体生产成本居高不下,发展速度也较为缓慢。相比挪威等发达国家新能源市场,我国新能源市场的发展力量仍主要停留在政府政策扶持阶段,财政补贴与专项资金成为其重要的资金来源,要通过多元化资本投资实现自身市场调节还难以实现。

8.3.2　核心技术和装备制造水平低,投资市场兴趣不高

新能源产业核心技术的发展离不开智力支持。高科技人才是推动我国新能源产业发展的核心力量。以当前的市场发展程度,除太阳能光伏发电技术(包括海上太阳能光伏发电技术)、太阳能制热技术和装备生产我国能够实现自

主研发并与市场化相结合外,在海洋潮汐能、风能、生物质能等主要新能源的核心技术创新、关键装备制造技术、自主知识产权方面与发达国家相比差距甚远。挪威在这一方面已经形成了产、学、资、市的良性发展闭环,由全社会共同承担,从而实现快速发展。

我国新能源产业的研发体系不完善,基础理论和公共性技术研究比较落后,研发投入与保障机制之间沟通不畅,核心研发人才与生产技术人才严重缺乏,相比较挪威在核心技术研发和专利生产把控方面,都有较大差距。这些问题使得我国新能源产业的技术推广、市场化运转与产业化发展相对缓慢。因此,投资市场对于新能源市场的态度是叫好不叫座,不看好新能源市场投资回报。

8.3.3　价格设计存在缺陷,受益稳定性不佳

新能源与传统化石能源相比,具有较大的正外部性。传统化石能源的负外部性没有得到全面的内部化,对于环境成本的消耗没有计算在价格之中,因而其价格比新能源价格低。比如,邮轮使用的高污染柴油。这一问题不仅存在于中国市场,国际市场也普遍存在。但是考虑到经济生产和社会稳定等因素,传统能源负外部性价格增加一直没有实现。这样就使得新能源在市场接受程度和民众认可程度较低,难以实现广泛的社会基础。

8.3.4　政策支持体系与管理体系设计滞后

我国新能源政策支持体系设计较为滞后,更多的是各级政府部门承担行政职责,负责审批许可等工作。以电力市场体系与管理体系为例,其设计出发点是传统能源,这种政策支持体系和管理体系设计与大电站、大电网的建设发展相适应,但是与新能源建设发展特点很难匹配。新能源与传统能源之间的价格关系不合理,以海洋水能发电和海洋风能发电为例,新能源招标制度和管理开发有待完善,其随机性、不连续性的可再生电力上网后,对国家电网安全性和供电稳定性有影响,造成国家电网的成本排斥。

新能源政策执行和监管力度不够,虽然国家大力提倡,但是地方各级政府在执行的时候,出于财政、税收和市场保护等因素,"弃风""弃水"弃光"现象多发,严重制约了我国新能源市场化发展。新能源产业属于国家战略性新兴产业,其政策制定和执行部门战线较长,包括发改委、财政部、住建部、环保部、工信部等国家部委,政出多门,各自有不同的利益出发点和视角,难以形成全局性、战略性、系统性、国际性的新能源发展规划,降低了新能源市场化速度和程

度,形成多元化投资的常规化更是难以实现。

8.3.5 产业融合度不高,海洋新能源产业上下游关联不足

相比较挪威新能源产业融合情况,我国海洋风能与近海石油开发和天然气行业的技术交流较少,海上平台技术共享、能源组合开发等融合发展还没开始。新能源产业上下游关联不足,在科技转化、装备制造、市场培育和投融资方面还没有紧密结合,各自为政、单元式发展,上、下游呼应较少,资本、技术、人力无法实现最优化配置,生产效率较低还处于产业发展的初级阶段。同时,新能源产业在与其他产业融合发展方面进度较慢,技术共享、资源共生、资本抱团投资、人才互动支持方面都没有形成高效支持体系。这也直接导致了我国新能源产业整体市场发展程度较低,投资市场情绪低迷。

8.3.6 文化差异与宣传落后,社会接受度不高

我国新能源社会基础相比挪威来说差距较大。我国的人文文化出发点以人为核心,历史遗留的物质匮乏思想,对民众心理有巨大影响,导致对自然界的态度更多的是能否"为我所用"而不是"我"与自然共生。挪威人崇尚平等、简朴和亲近自然的价值观,与中国传统的价值观"仁义礼智信"相比,挪威人更多地认为自己是自然的一分子,而不是高于自然生物的存在。这在文化上就决定了挪威对于环境友好的新能源产业的广泛的民众接受度。因此,我国新能源发展社会接受度一直不高,即使国家政策大力倾斜,经济补贴力度不断加大,社会民众对于新能源设备的使用和接受度也仅停留在经济性层面,一旦国家取消购置补贴民众会立即转向使用传统能源的生产生活设备。

较低的民众接受度和使用忠诚度、过度的依赖政府补贴,更限制了我国新能源市场化的可持续发展,这也导致资本市场在项目选择上更少关注新能源产业投资。

8.4 新能源产业未来发展对策与机遇

完善新能源补贴和财政金融政策。发展新能源产业,离不开中央和地方各级政府积极的支持和引导,特别需要在发展初期给予充分的鼓励政策和保护措施。国家对新能源产业的补贴有四种:投资补助、研发补助、生产补助和消费补

贴,应统筹安排,优化比例,提高使用效率。政府财政能力有限,我国市场经济开放程度更加宽容,为促进新能源市场化的自主发展,中央和各级地方政府还需要为新能源产业的发展畅通融资渠道,鼓励和规范民间资本的加入,可提供税收优惠和贴息贷款等项目以鼓励民间资本的投资热情。

构建区域海洋新能源市场生态圈吸引国外投资。在政府大力支持新能源发展的同时,政府投资受到财政收入和支出结构的约束,综合社会建设的各种财政补贴提供相应不足,政府投资数量有限。因此,在海洋新能源市场初步建立之后,为完善新能源政策连续性和可预期性,满足产业发展的巨大资金需要,建立开放、公平、规范的海洋新能源市场体制等需求,可以考虑降低准入门槛,积极吸引民间资本和国外资本的进入。

日本、朝鲜、韩国、蒙古和俄罗斯等环日本海的东北亚地区,新能源资源丰富,日本、韩国、俄罗斯等国家新能源科研技术民众受教育程度和市场基础良好,朝鲜、蒙古作为可作为输出市场和资源提供方加入东北亚新能源圈市场的开发与完善,形成能够实现新能源资源供应稳定、新能源市场体系完善、新能源研发体系完整的新能源国际合作体系。一方面能够带动我国新旧动能转换,实现装备制造升级和创新科技的快速投入;另一方面能够为我国新能源市场打开国际局面。积极与"一带一路"沿线国家深入交流合作,壮大、丰富我国新能源投资市场的市场主体,多样化投资产品,加速产业市场的合理、健康发展,为我国基础设施建设领域注入新的活力。

建立国家新能源发展委员会,监督监管统筹保障。新能源产业发展资金需求量巨大,技术和人才要求高,相关管理体系和政策支持体系需求迫切,产业实现飞速发展困难较多。在管理上,我们可以借鉴发达国家经验,设立诸如国家新能源发展委员会专门机构监督监管专款专用,设立专项发展基金,保障新能源产业的可持续发展。做到发展资金足额到位,专项资金集中使用,提高资金使用效率,防范专项基金挤占挪用。新能源发展基金的构成,可以考虑多种成分,包括财政拨款、传统化石燃料费用附加、税费,地方政府投资平台募资等政府把控的资金来源。地方政府投资平台在成立初期多为地方土地项目运作平台,在初步完成这一职能后,考虑到后期转型,增加海洋新能源资金募集职能,吸纳民间空闲资本,不仅可实现平台公司平稳转型金融服务和监督监管,还能为民间资本找到科学、合理、安全、高效的投资渠道,减少民间借贷风险,促进社会经济稳定。

建立健全海洋新能源人才培养和管理服务体系。具有鲜明专业特色人才智库是海洋新能源产业发展的核心保障。海洋新能源产业发展所需要的核心技术研发、关键设备制造、科研成果转化等都需要专业人才来实现,因此人才体系建设、智库建设是技术提升的关键。目前,我国海洋新能源领域的专业技术人才缺口比较大,专业技术强、管理运营能力强的复合型人才需求更加迫切。高等院校、科研院所等人才培养机构,需要考虑新能源专业以及能够实现跨专业、融合专业人才的培养。鼓励高等院校、科研院所及相关机构积极与企业建立合作关系,共同培养高级人才,推动符合市场需求的科研成果加快实现科技转化。建立合理的人才培养机构,鼓励国际交流,培养与引进结合,鼓励、吸引国内外高端专业人才投入到新能源投资市场中来。

人才体系和智库管理不仅要考虑研发人才和技术人才,还要吸引有前瞻性、战略性、专业性的投资人才投入到新能源市场中来。我国在学术成果转化和成果市场化运营之间大多数都是由各科研院所自己负责,科研成果市场估值存在漏洞。培养和引进新能源投资型、新能源管理型等与金融服务相结合的复合型人次是未来我国新能源市场投资活力可持续发展的重要保障,是我国新能源市场形成区域化、国际化发展的重要桥梁。

促进新能源产业上下游产业关联发展,鼓励产业融合发展。我国新能源投资市场的健康发展离不开资源和资本。在资源方面,我国土地面积辽阔,海岸绵长,农林生产发达,风能、水能、生物质能和太阳能资源十分丰富。而随着国民经济的快速发展,我国资本市场日渐成熟,主体市场健康发展,社会闲散资本丰富,国外资本投资兴趣浓厚。因此,我国新能源产业投资市场可投资资源储备充足、可利用资本准备充分。打破我国新能源产业上、下游之间发展壁垒,加强上、下游产业联系,优化资本、技术、人力资源配置,促进生产效率提高,加速迈进产业发展的中级阶段。同时,新能源产业在与其他产业融合发展方面进度较慢,技术共享、资源共生、资本抱团投资、人才互动支持方面都没有形成高效支持体系。

科学设计新能源市场投资模式,实现投资主体多元化。中国新能源的市场容量较小、投资成本较高的问题制约着中国新能源产业的快速发展。建立成长型、可持续的新能源产业投资体系,分时期、分阶段地利用投资工具,构建因地制宜的投资组合模式,是我国新能源投资市场的科学发展可行之路。

新能源产业市场投资模式可参考我国基础设施投资模式进行,在建设阶段上分为前、中、后期;在投资工具组合上分为初、中、末期。在市场建设初期,考虑到未知因素和社会资本接受程度低等原因,应以政府财政支持为主,培育鼓励多元化投资主体为辅,工作重点在于培育健康、科学的新能源市场;市场建设中期,各项因素发展趋稳,投资活动积极,投资组合模式灵活整体属于上升态势,多元化投资主体相继出现构建不同投资组合;市场建设后期,投资工具选择和投资组合模式都基本确定,发展进入末期管理运营阶段,一般会以较为稳定的投资模式,实行稳定、灵敏、高效的管理体制,吸引社会闲散资金滚动投资,不断开发新的市场投资项目,从而最终实现我国新能源市场的可持续发展。

第9章 对外直接投资活动对我国海洋产业高质量发展的影响

中国经济高质量发展并非一帆风顺,要想实现发展理念的转换、经济结构的合理化、增长动力的更优化选择,都需要一定的时间周期。中国并不能自动实现经济高质量发展,因此,本章结合中国经济发展的优势与约束条件,按照创新、协调、绿色、开放、共享新发展理念的要求,并通过深化供给侧结构性改革、建立现代化经济体系等路径,推动经济体系的转型升级。

中国作为一个发展中国家,近几年的经济发展十分迅速,在亚洲市场崛起的过程中贡献十分巨大。新兴经济体的出现重新定义了世界市场格局,为中国经济的发展提供了充分条件。对外直接投资是一个动态发展过程,其中各项因素的发展转化都会对投资母国的产业发展产生影响。当前,中国经济正处在转型时期,借鉴发达国家经济转型成功经验,发展对外直接投资成为首要选择。海洋产业是中国新兴战略产业,在国民经济中所占地位突出,是未来经济发展的重要方向和版块。将发达国家对外直接投资经验和中国经济发展实际情况结合起来,选择能够适应中国海洋产业健康发展,加快优化海洋产业结构,是我国对外直接投资今后很长一段时间的重要研究方向。

9.1 对外直接投资、产业布局等相关理论综述

对外直接投资不仅是一国经济发展的重要措施,同时在国际政治经济合作和交往过程中也是十分重要的形式。经典的西方经济理论中,关于对外直接投资的研究大多是以发达国家为考察样本,并且研究重点集中在微观企业行为。邓宁(Dunning J H, 1980)的"国际生产折中理论"等,基本上都是对单个企业的投资动机、行为和决策进行的理论研究,对于企业开展境外直接投资的产业发展路径研究较少。从微观层面到宏观层面的过渡研究或者单独从宏观视角对

境外投资影响产业结构调整的研究就更少或者没有。随着世界经济发展和全球化的推进,境外投资活动的增加,关于这一主题的研究成果也不断增多。

产业结构角度研究对外直接投资,始自20世纪50年代。日本学者小岛清(Kiyoshi Kojima)以20世纪中后期日本对外直接投资情况作为研究对象,提出对外直接投资的可行性标准,进一步实现转移边际产业,以达到优化调整母国产业结构的观点,即后来的"边际产业扩张理论"。日本学者小泽辉智的"增长阶段模型"理论,在研究小岛清的"边际产业扩张论"的基础上,把对外投资与经济增长和经济发展结合到一起,从经济一体化的角度去解释发展中国家在经济发展达到一定阶段后,进行对外直接投资从而促进产业转型和经济发展选择。这个理论为欠发达国家提供了一个赶超发达国家的机会,也为发达国家转移产业和生产技术创造了机会。Linda Fung-Yee对香港在20世纪末期对外直接投资情况进行了研究、Rossel V. Advincula对韩国在20世纪末21世纪初的对外直接投资行为进行了分析比较、Salvador Barrios对爱尔兰等国家或地区的FDI进行实证研究,结果显示均在不同程度上调整了国内或地区的产业结构。尤其是Blomstrom M, Konan D和Lipsey R通过日本的数据验证了FDI流出对日本的产业结构调整起到了非常重要的作用。

技术积累产业升级理论由英国雷丁大学的坎特威尔(John A. Cantwell, 1991)和托兰希诺(Paz Estrella Tolentino)共同提出。该理论从技术积累过程出发,对发展中国家的对外直接投资活动作出了分析,指出对外直接投资前期发展过程中的经验获得、局部技术的变动和积累,对后期投资有重要影响,使得对外直接投资活动呈现阶段化发展特点。

我国学者付健(2002)和汪琦(2004)研究了对外直接投资对投资母国产业结构调整的影响途径和传导机制,认可对外直接投资能够对我国产业结构升级产生积极影响。

区域海洋经济布局与产业结构差异的研究也对我国海洋产业的发展有重要影响。狄乾斌、刘欣欣、曹可(2013)以11个沿海省区市为对象,通过运用变差系数、加权变差系数考察了我国海洋经济发展的纵向(1996—2010年)差异,同时运用区位商、基尼系数等测算了我国海洋经济产业结构及其在区域上的变化,研究结果表明,纵向上,我国海洋经济产业增速极快,总体差异呈波浪式减弱;我国海洋经济产业结构在高端化,海洋经济产业集聚规模趋于减弱,而渐呈均衡发展格局;值得一提的是,资源型海洋经济产业(如矿产、石油、盐业等)集聚程度最高,而第三产业(如滨海旅游、科教、环保检测等)产业集聚程度较低。

针对山东半岛蓝色经济区建设情况和未来发展战略,程丽(2014)运用 SWOT 分析方法,研究了山东发展蓝色经济的优势、劣势、机遇和威胁,并借鉴浙江、福建等海洋经济强省和美国、日本等海洋经济强国的国内外经验,根据山东半岛蓝色经济区实践提出了进一步发展的对策建议。韩增林、王茂军和张军霞(2003)研究了我国海洋经济产业发展在区域上的差异及其变动问题,并对我国海洋经济产业空间集聚现象进行了深入分析。还有一些学者对我国海洋经济地域系统进行了分析,如王双(2012)研究了我国海洋经济的区域特征,并提出了区域海洋经济发展的对策。张耀光、刘锴、刘桂春等(2011)针对辽宁省海洋经济特征,分析了区域内海洋经济系统在时空上的差异,并对其进行了详细解释。

海洋产业博弈问题研究。博弈论在经济学方法中占有重要地位,同样也对海洋经济学的分析研究十分重要。Korilis(1997)通过使用 Stackelberg(斯塔尔博格)路径选择,对海洋运输问题进行分析,研究实现海洋运输整体网络最优的问题。Song 和 Panayides(2002)通过运用合作博弈理论分析海洋航线经营中战略联盟问题,并得出海洋航线市场存在激烈竞争,形成战略联盟是必然选择。Lin(2005)利用动态博弈模型分析海洋资源开发利用的问题,划分海洋资源生产活动的多阶段投资活动进行定期博弈的问题。

海洋经济产业结构的研究。周红军等(2005)对产业结构和优化研究方法进行了考察,研究结果表明,相关分析法能很好地应用于海洋经济产业结构优化中。韩立民(2006)以产业结构演进规律与特殊性为视角,讨论了我国海洋经济产业布局需遵循的规律。姜旭朝、毕毓浔(2009)梳理了我国海洋经济发展阶段,总结了我国海洋经济产业结构演化,以及海洋三次产业分别在国民经济和海洋经济中的重要性,研究发现,长期来看,三次产业对海洋经济与国民经济的重要性均不相同,其中第三产业差异相对较小。高乐华、高强、史磊(2011)运用标准差、变异系数、聚类法等分析了我国 11 个沿海区省区市的海洋经济的空间布局以及主要沿海行政区海洋经济产业结构动态演化路径,研究表明,受自然资源和生产条件基础的影响,11 个沿海行政区的海洋渔业、油气业、盐业为基本固定的单核发展,船舶修造业、交通运输业、滨海旅游业等已呈现多核心、连片式发展格局,海洋经济核心体系不断完善;天津、上海、广东三区域的海洋经济产业结构呈单一化趋势,海洋经济产业结构升级空间也较小,辽宁、山东、江苏、浙江、福建等五省海洋经济产业结构仍以低端为主,调整空间较大,河北、广西、海南三省区的产业结构较为合理,但效益有待提升,应促进主导产业多元化,提高科技含量和生产效率。以上研究为我国或区域海洋经济产业结构的优化提供了一定的参考意义。武京军、刘晓雯(2010)运用灰色关联法、区位熵、系统聚类分析,考察了沿海各省份 21 世纪前 8 年的海洋经济产业发展情况,研究表明,我国海洋经济产业增长速度持续增加,我国第一产业以渔业为主,第二产业以油气业、工程建筑业、化工业、盐业、生物医药业、矿业、电力业和海水利用业为主,第三产业以运输业、滨海旅游业为主;按照海洋经济产业总产值及其占比,海洋第一、二、三产业等因素进行聚类,我国海洋经济省区市可以分为保持发展区(广东)、优化发展区(天津、上海、浙江、江苏)、重点发展区(山东、辽宁)、发展起步区(河北、福建、广西、海南),并对各省区市的优势产业进行了分析。他们的研究为进一步了解我国海洋经济产业发展特征、各沿海区域海洋经济产业分类、发展规模、速度等提供了实证参照。

9.2 我国海洋产业结构发展变化及对东盟直接投资概况

9.2.1 我国海洋产业结构概述

我国海洋产业结构基本以滨海旅游业、海洋交通运输业、海洋渔业、海洋工程建筑业、海洋油气业、海洋船舶工业、海洋化工业为主。

按照经济产业结构高级化来观察我国海洋经济产业结构的发展程度,未来任重道远。经济产业结构高级化是指,一个国家或地区的经济产业结构随着经济的发展而升级转换,由最初的"一二三"产业结构排序,逐步转换成"三二一"产业结构排序,形成第三产业发展迅速,第一、二产业发展成熟的结构。

我国海洋经济近几年发展迅速,成为国家重要产业和新兴战略产业,海洋经济产业发展同样遵循经济产业结构的一般规律。通过对我国海洋产业结构发展观察,我国海洋经济产业结构发展阶段处在中后期,根据栾维新、杜利楠的研究,我国海洋经济产业结构处在第三阶段后期,第三产业所占份额较大,第一产业占比较低,与我国当前总体经济结构基本一致。但是作为国家新兴战略产业,海洋经济产业结构优化仍是未来相当长一段时间的发展重点。海洋经济第三产业虽然占比较大,但是在科技投入、新材料研发、旅游规划、新能源开发和海洋生物研究等方面与国际水平相比存在较大差距,但这也意味着未来发展前景广阔,发展潜力巨大。海洋第一、二产业近几年发展趋缓,一方面国家开展海洋环境与海洋生物保护等政策限制相关作业开发力度,另一方面国家提出"新旧动能"转换也要求海洋第一、二产业加快产业转型升级。从海洋经济产业结构的演化路径来看,当前我国海洋经济产业结构发展优化阶段十分关键,不仅要产业内部升级改造,更要求产业外部加强联系,缩小与国际市场差距,形成完善的海洋产业经济系统。

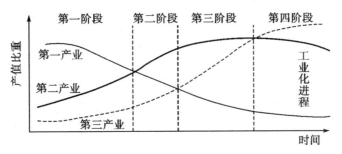

图 9.1　经济产业结构演化路径

9.2.2　我国对东盟直接投资情况

东盟国家现时人口合计约 6.4 亿,形成潜力庞大的消费市场,越来越受注目。表 9.1 为 2007—2016 年我国七大行业对东盟直接投资存量发展变化。总体来看,这十年间我国七大行业对东盟直接投资一直处于上升态势,受"21 世纪海上丝绸之路"等倡议号召和鼓励,我国七大行业对东盟直接投资十分稳定。在对东盟直接投资方面,电力、煤气及水的生产和供应业、批发和零售业、制造业、租赁业、采矿业、建筑业和金融业这七大行业覆盖第二、第三产业,为我国企业积极参与国际市场提供了良好的基础,更是为我国海洋经济产业发展提供了有力支持,有助于尽快缩短与国际海洋经济产业之间的距离。

表 9.1　2007—2016 年我国七大行业对东盟直接投资的存量(单位:万美元)

年份	电力、煤气及水的生产和供应业	批发和零售业	制造业	租赁业	采矿业	建筑业	金融业
2007	20952	60088	92899	44671	19766	30835	70366
2008	138546	70430	114148	86728	43838	48988	45400
2009	185849	163406	148651	105117	91531	67552	66635
2010	277668	187545	190176	117337	184306	116028	176183

（续表）

年份	电力、煤气及水的生产和供应业	批发和零售业	制造业	租赁业	采矿业	建筑业	金融业
2011	380321	269932	256597	275887	238461	162436	228086
2012	511996	355830	334756	338769	403328	221639	257748
2013	603915	476315	467252	391975	528078	293430	281026
2014	722591	589980	613266	684283	605297	336213	587939
2015	786570	753721	935871	1608852	624743	386174	435619
2016	912135	968975	1314969	1122250	1016925	450678	457319

9.3　我国对东盟直接投资与海洋产业结构变化关联检验

9.3.1　模型的建立

本书从产业层面进行选择，以我国对外直接投资的行业分布统计数据作为基础，分析我国对外直接投资大幅增长与海洋产业结构调整的相关性，并使用灰色关联模型进行实证分析。选取原因是我国对外直接投资行业统计数据样本比较少，可以选取的可靠数据相对有限，因此，大样本数据统计模型难以用于二者影响关系分析，因此适用于"小样本、少数据、贫信息"的灰色关联模型数据分析方法。

首先，构建初级序列：

（1）设系统特征行为序列 X_0 为增长序列，记为 $X_0 = [X_0(1), X_0(2), \cdots, X_0(n)]$；

设 X_i 为相关因素行为序列，记为 $X_i = [X_i(1), X_i(2), \cdots, X_i(n)]$，其中 $i = 1, 2, 3, \cdots, n$；

（2）求各序列的初值像（或均值像）：

$$X'_i = \frac{X_i}{x_i(1)} = [x'_i(1), x'_i(2), x'_i(3), \cdots, x'_i(n)]，其中 i = 1, 2, 3, \cdots, m；$$

（3）求差序列及其最大值和最小值：

$$\Delta_i = [\Delta_i(1), \Delta_i(2), \Delta_i(3), \cdots, \Delta_i(n)]，其中 \Delta_i(k) = |x'_0(k) - x'_i(k)|，$$

$M=\max\limits_{i}\max\limits_{k}\Delta_i(k)$，$m=\min\limits_{i}\min\limits_{k}\Delta_i(k)$；

（4）求灰色关联系数：

$$\gamma_{0i(k)}=\frac{m+\varepsilon M}{\Delta_i(k)+\varepsilon M}，\varepsilon\text{ 为分辨系数}，\varepsilon\in(0,1)，\text{通常取 }\varepsilon=0.5，k=1,2,\cdots,$$

n；$i=1,2,\cdots,m$；

（5）计算灰色关联度：

$$\gamma_{0i}=\frac{1}{n}\sum_{k=1}^{n}\gamma_{0i}(k)，\text{其中 }i=1,2,\cdots,m。$$

9.3.2　变量选取

（1）增长序列：产业结构优化指标。对这一指标的考察，国内学者涉及较少，杨晓猛构建的产业结构优化指标，涉及和测度是针对转型国家市场化过程产业结构的调整。相对其他国内外学者的研究而言，更适应我国市场发展的实际情况，参考价值较大。因此，参考序列也以此为样本，分为目标层、领域层和指标层三级（表 9.2）。

表 9.2　反映海洋产业结构调整的指标及指标权重①

目标层	领域层	指标层
产业结构调整指数	三次产业变动情况(0.79)	第一产业增长率(0.11)
		第二产业增长率(0.26)
		第三产业增长率(0.41)
	劳动力分布结构(0.11)	第一产业就业人口占总就业人口的比例(0.01)
		第二产业就业人口占总就业人口的比例(0.03)
		第三产业就业人口占总就业人口的比例(0.08)
	产业部门贡献率(0.10)	第一产业产值增量占 GDP 增量的比重(0.01)
		第二产业产值增量占 GDP 增量的比重(0.02)
		第三产业产值增量占 GDP 增量的比重(0.07)

（2）相关因素行为序列：2007—2016 年国家统一发布的中国对外直接投资统计公报（非金融部分）的数据显示，我国对东盟直接投资中，电力、煤气及水的生产和供应业，批发和零售业，制造业，租赁业，采矿业，建筑业和金融业等七大

---

① 表 9.2 括号中数字为指标权重。　·

行业的流量或存量都聚集了当年存量或流量的 90% 以上。要分析我国对东盟直接投资对国内海洋产业结构的影响，这七大行业的分析数据占主导地位。因此，采用上述七大行业的存量作为相关因素行为序列进行分析。

9.3.3 数据采集

增长序列——产业结构调整指标的值是按照表 9.3 的各层级顺序，从 2006—2017 年的指标层开始计算，权重逐级往上加权求和所得，所有数据为中国统计局公布内容，计算得出结果由表 9.3 展示。最后对产业结构调整指标通过初始值化无量纲处理，结果如表 9.4 所列。

表 9.3 2007—2016 年海洋产业结构调整的分指标及总指标值

年份	三次产业变动情况	劳动力分布结构	产业部门贡献率	产业结构的调整
2007	0.1840	0.0380	0.0429	0.2649
2008	0.1415	0.0387	0.0403	0.2205
2009	0.0753	0.0394	0.0502	0.1649
2010	0.1401	0.0400	0.0406	0.2207
2011	0.1434	0.0409	0.0416	0.2259
2012	0.0852	0.0413	0.0475	0.1741
2013	0.0830	0.0430	0.0497	0.1756
2014	0.0656	0.0444	0.0506	0.1606
2015	0.0551	0.0455	0.0632	0.1639
2016	0.0771	0.0462	0.0512	0.1745

表 9.4 2007—2016 年我国对东盟直接投资
七大行业及海洋产业结构调整序列无纲量化处理结果

年份	电力、煤气及水的生产和供应业	批发和零售业	制造业	租赁业	采矿业	建筑业	金融业
2007	1	1	1	1	1	1	1
2008	6.6125	1.1721	1.2287	1.9415	2.2178	1.5887	0.6452
2009	8.8702	2.7194	1.6001	2.3531	4.6307	2.1908	0.947
2010	13.253	3.1212	2.0471	2.6267	9.3244	3.7629	2.5038

（续表）

年份	电力、煤气及水的生产和供应业	批发和零售业	制造业	租赁业	采矿业	建筑业	金融业
2011	18.152	4.4923	2.7621	6.176	12.064	5.2679	3.2414
2012	24.437	5.9218	3.6034	7.5836	20.405	7.1879	3.663
2013	28.824	7.927	5.0297	8.7747	26.716	9.5161	3.9938
2014	34.488	9.8186	6.6014	15.318	30.623	10.904	8.3554
2015	37.542	12.544	10.074	36.016	31.607	12.524	6.1908
2016	43.535	16.126	14.155	25.123	51.448	14.616	6.4991

9.3.4 检验结果分析

按照上面构建的灰色关联度模型，利用灰色理论应用软件，对我国对东盟直接投资的七大主要行业及其产业结构变化的影响程度进行相关分析，结果如表 9.5 所列。

表 9.5 2007—2016 年我国对东盟直接投资
七大行业与海洋产业结构调整的灰色关联分析结果

指标	电力、煤气及水的生产和供应业	批发和零售业	制造业	租赁业	采矿业	建筑业	金融业
灰色关联度	0.60341	0.83438	0.87716	0.77586	0.6553	0.82356	0.90096
排名	7	3	2	5	6	4	1

表 9.5 结果显示，中国对东盟直接投资的七大行业及产业结构变化都有一定的作用，其影响程度由高到低排列是：电力、煤气及水的生产和供应业，批发和零售业，制造业，租赁业，采矿业，建筑业和金融业。从这一排序结果可以看出，前四位的电力、煤气及水的生产和供应业，批发和零售业，制造业，租赁业对中国海洋产业发展的影响较为明显。

（1）金融业投资是辅助服务型投资，且金融业也一直是东盟投资活动的热点区域。当前，中国东盟开展的金融合作模式基本上还是沿袭西方国家的多级金融合作方式进行。主要是主权国家之间金融合作的层面，双方经济一体化进程中，由于经济社会发展水平、国内金融市场发育程度、国际金融环境等都与国际市场上流行的西方发达经济体有很大差异,因此在未来经济合作当中,形成能够适应中国东盟市场发展需求,适应区域金融一体化,提高金融发展和区域经济发展的推动作用。随着"21世纪海上丝绸之路"的部署实践,我国海洋产业的向外发展速度也逐年加快,对金融业的配套需求也逐步增大,实现"金融+"的多样化配套服务对中国东盟直接投资活动的影响巨大。

(2)批发、零售业和制造业主要属于贸易与销售型投资和市场寻求型投资。在过去十几年的发展中,"中国制造"已经在国际市场上占有举足轻重的地位,但是产品结构多处于产业链的较低层面。同时来自国际市场的贸易保护主义和"反全球化浪潮"兴起,对我国原本的以贸易方式扩大出口的产品限制逐年增加,贸易摩擦也逐年升级,成为中国在双边、多边合作关系中的主要影响因素。制造业在近几年中国对东盟直接投资活动中占比增长较快。制造业与批发、零售业对我国海洋产业的发展影响相似,很大程度上都是在国际市场压力增大、贸易摩擦升级的环境下,转而向具有历史、文化共通之处的东盟地区。这一地区发展模式与20世纪的中国经济发展轨迹有相似之处,人口红利明显,劳动力成本低、民众受教育程度逐步提高,为制造业输出提供了可能。

我国海洋产业结构仍然以第一产业为主,第二、三产业发展速度相对缓慢,海洋制造业和海洋服务业相比国际水平仍然处于落后阶段。批发和零售业对外投资的发展,有利于我国海洋第二、三产业在发展初期避开来自国际市场的压力,绕过贸易壁垒,缓解来自发达国家贸易保护的压力,同时通过开发国外市场还能够开辟新的市场需求。批发和零售业对我国海洋第二、三产业的影响,还能够直接、快速地传达到国内的广深腹地,为国内产品产业结构升级,开辟新的国际市场,为国内生产企业研发符合东道国需求的产品实现无障碍接轨,在战略性海洋新兴产业(主要包括海洋生物医药和功能食品业、海水利用业、海洋信息服务业、海洋可再生能源电力业、海洋新材料业、海洋生物育种与健康养殖业、海洋高端船舶和工程装备制造业)方面,提供有效支持。

(3)建筑业对外直接投资属于市场寻求型投资,产业链较长,产业关联性较强。其对产业链上的其他需求要超过建筑业对外直接投资本身的增加值。中国东盟区域经济一体化过程中,伴随着制造业的发展和建筑业的入驻,带动了双方经济社会的共同发展,在带动国内相关产业"走出去"方面发挥了积极作用。建筑业在东盟地区的直接投资,对于国内机电设备、原材料和技术服务的出口开辟了较大市场空间,促进了一系列相关服务产业的协同发展,促进了远洋运输等产业的优化升级,对产业链上相关产业的结构调整和升级作出重要贡献。

9.4　结论和政策建议

9.4.1　结论

通过对 2007—2016 年中国对东盟直接投资的主要行业和产业结构调整的灰色管理度分析,发现金融业、批发零售业、制造业和建筑业是对我国海洋产业结构发展影响较大的 4 个因素,七大行业与我国海洋产业结构优化调整的关联度依次降低。辅助服务型对外直接投资是我国产业结构合理发展、企业"走出去"过程中重要的保障要素,为我国企业能够更快地融入当地市场,提高经济生产效率,促进区域经济一体化的实现提供重要支持。对外直接投资的批发零售业、制造业和建筑业所产生的"腹地需求"对我国海洋产业和其他国内产业结构的调整优化起到了巨大作用,促进国内投资生产活动适应国际市场需求,加快产业内部信息流通速度和产业外部交汇互通的重要因素。分析结果显示,金融业、批发零售业、制造业和建筑业四个行业是服贸领域比较有影响力的行业,也是对我国海洋产业及相关产业结构调整、优化升级关系最密切的行业。

9.4.2　政策建议

把握对外直接投资节奏,提升对国内海洋产业升级效应影响。对外直接投资不仅是一种经济活动,同时也是我国资本走出国门的学习过程。在这一过程中,节奏的把握十分重要。Vermeulen 和 Barkema 两位学者在 21 世纪初提出,国际化速度与对外投资效果成反比,即国际化节奏越慢对外直接投资的收益可能越大。减慢投资节奏可以得到以下影响:一是会减缓相关原材料、技术设备和熟练劳动力需求,给国内海洋产业企业供应商预留一个较大的生产空间,充分发挥国际市场需求对国内海洋产业企业的引导效果;二是能够为对外投资企业适应先进生产环境,学习先进技术提供一个合理的生产空间,吸收和消化来自国际海洋产业的先进生产技术和管理经验,最大限度地发挥投资效果;三是为对外投资企业适应国外投资环境、发挥对外投资产业内外关联效应,推动国内海洋产业企业技术进步,促进产业间良性竞争、加强海洋产业内关联等,帮助实现国内海洋企业技术进步和国内海洋产业升级。

统筹对外投资战略选择,增强对国内海洋产业升级影响。对外投资过程不仅有速率上的考量,还需要从战略统筹的大视野来考虑。对外投资过程中,企业从自身角度出发,追求利益最大化往往体现出不稳定、不规律的投资特性。而这一特性随着投资过程的拉长,往往会出现负相关的特点。统筹对外投资战略,提高企业对外投资效率,为我国海洋产业企业投资活动制定有利于整体发展的长远投资战略、连续的投资政策,从而实现我国海洋产业能够有步骤、有规则、有效果的学习国际先进的科学技术和管理经验,最大限度地发挥对外直接投资的效果。

增加腹地产业的科技投入,提升海洋产业创新驱动能力。辅助服务型对外直接投资对我国海洋产业发展有着重要的保障作用,增加腹地经济辅助服务型产业的科技投入比重,强化腹地产业之间的关联,延长产业链条,从而为我国海洋产业提供广大的发展空间,在海洋产业结构高级化和合理化上做出积极努力。在政策、人才、资本等方面着重向科技类倾斜,强化、提升海洋产业创新驱动能力,为我国海洋产业可持续发展提供有力保障。

鼓励海洋金融产业发展,增强抵御国际市场风险能力。金融业对海洋产业的支持作用十分明显。深化与金融、投资、财政等部门的合作,推动我国海洋金融产业健康快速发展。对于国内海洋金融发展设计,由具有政策性金融职能的机构设立全国性的海洋类信托基金,出资方来自国家财政和国家海洋局,业务覆盖海洋管理、海洋科研助和风险补偿等具备公共服务性质的专项资金。一方面可以为我国沿海城市海洋管理、海洋科研、海洋灾难救助和风险补偿等非经营性行为提供支持,另一方面推动基金的建设和运转还能够将部分盈余资金投向溢出效应或公共性质显著的海洋产业领域,从而吸收社会闲散资金用于海洋产业发展。鼓励开发性金融、涉海商业贷款、海洋产业基金、海洋保险业等多元资本投入渠道和创新金融保障措施;鼓励政策性银行与商业银行积极参与海洋产业发展,建立专业化、专有化海洋金融服务部门,促进并保障海洋产业积极参与国际、国内市场竞争,加强部门间协调合作,提升产业抗风险能力。

第10章 海洋产业金融合作的
现实问题与对策思考

"21世纪海上丝绸之路"倡议与海洋强国战略的落地实施,为中国经济挺近海洋领域指明方向。中国东盟双边经贸合作不断加深,海洋产业成为未来双边经济发展重要领域。中国东盟双边资本流速加快,流量上升,催生本区域内巨大的金融服务需求。通过对中国东盟双边贸易发展现状、双边投资活动发展特点的分析,中国东盟海洋产业发展存在金融服务体系不健全、金融产业规划滞后、海洋产业金融合作战略框架与产品设计等问题。在借鉴国际海洋金融业发展成功经验的基础上,针对双边海洋产业金融合作存在的现实问题,提出中国与东盟海洋金融产业发展面临挑战与机遇以及相应的发展对策。

现代海洋金融产业的发展十分迅速,发达国家海洋金融产业发展经验显示,海洋金融是海洋经济发展的核心动力,也是海洋经济发展的高阶段形态。党的十九大报告中明确要求"坚持陆海统筹,加快建设海洋强国",为我国海洋经济的快速发展提出了更高要求,也做出了政策保障。东盟是我国"一带一路"倡议重要的经济合作区域,优先发展方向和重要合作伙伴。中国东盟双边陆海交汇,经济合作密切,区域海洋经济合作快速发展,已成为区域经济社会发展新的增长极,海洋金融产业地位日渐突出。

10.1 中国东盟海洋产业金融合作发展基础

金融产业的产生和发展本质上是资本的变化发展。中国东盟自贸区成立以来,双边贸易发展迅速,资本流量和流速都明显增长。同时,伴随海洋强国战略上升为国家战略,海洋产业在中国东盟双边经济合作中地位逐步上升,为双边海洋产业金融合作发展提供了物质支撑。

10.1.1 中国东盟双边贸易发展迅速

双边货物贸易迅速回升。2000 年,朱镕基总理提出中国与东盟建立自由贸易区的构想。由表 10.1 观察得出,2002—2010 年间中国东盟自贸区减税幅度明显。自贸区成立后,第一阶段通过双边降税的方式,保障区域内贸易平稳过渡,2004 年双边签署《海关税则》,其中前 8 章集中在农产品降税方面。2010 年双边零关税实现,基本覆盖税则中所有货物品种。2011 年后,双边自贸区贸易全面开展,不断拓展服贸渠道,扩大服务产业准入门槛,技术贸易比重不断上升。双边服贸额也从 2006 年的 126 亿美元增长至 2017 年的 5000 亿美元。2017 年,中国向东盟出口额达 2791 亿美元,增长 9%;中国从东盟进口额达 2357 亿美元,增长 20%。在中国与东盟十国中,贸易额排前三位的是越南、马来西亚、泰国;中国向东盟出口排前三位的是越南、新加坡、马来西亚;中国从东盟进口排前三位的是马来西亚、越南、泰国。中国对东盟贸易中,虽然中国是顺差,但顺差额在减少。2018 年是中国东盟创新年,双边在创新驱动发展方面开展一系列活动,在地区合作方面,双边共同积极推进区域全面经济伙伴关系(RCEP)谈判,进一步促进区域贸易和投资自由化便利化。

表 10.1　中国与东盟自贸区发展情况一览表

政策实施时间	税率变化	关税条目	覆盖国家
2000	0~5%	85% 的 CEP_1 条目	原东盟 6 国
2002.1.1	0~5%	全部的 CEP_1 条目	原东盟 6 国
2003.7.1	最惠国关税税率	全部	东盟 10 国＋中国
2003.10.1	中泰果蔬零关税	蔬菜水果	泰国、中国
2004.1.1	农产品税率下降	农产品	东盟 10 国＋中国
2005.1	继续削减关税	全部	东盟 10 国＋中国
2006	农产品零关税	农产品	东盟 10 国＋中国
2010	区域内零关税	全部减税产品	原东盟 6 国
2010	零关税	全部产品 (部分敏感产品除外)	原东盟 6 国＋中国
2011—2017	CAFTA 巩固完善阶段		
2018	零关税	全部产品 (包括部分敏感产品)	东盟 10 国＋中国

双边货物贸易总额逐年增加。中国东盟双边货物贸易总额由建立初期的395.22 亿美元增加至 2017 年的 5147 亿美元,通过观察双边 10 年间服务贸易发展有所波动,总体贸易额呈上升趋势。2007—2014 年期间,贸易总额迅速增长,由 2007 年的 2000 亿美元上升至 2014 年的 4800 亿美元,其间 2008 年金融危机后贸易总额出现小幅下降。2010 年出现新增速,原因是中国东盟双边自贸区的建立促进贸易增加。总体来看,中国东盟双边货物贸易一直呈现上升趋势。

双边贸易差额变化。2000—2011 年,中国东盟间长期存在贸易逆差。首次出现逆差在 2000 年,数额为 48.4 亿美元,此后至 2011 年贸易逆差持续增加,但是幅度较小,至 2011 年贸易逆差达 226.9 亿美元。至 2012 年,贸易顺差首次出现,估计为 83 亿美元,且贸易顺差逐年扩大,2017 年顺差额达到 828.2 亿美元。双边贸易差额变化在初期由于双边贸易额相对较小,东盟在自然资源和农产品方面相比当时中国的市场发展水平具备一定优势,中国在这一阶段存在贸易逆差。至 2004 年《海关税则》颁布,贸易逆差呈现扩大态势。双边自贸区建立之后贸易货物实现了零关税,这时,中国在制造业以及机械、钢铁等领域的比较优势开始出现,相关产品出口贸易额逐步超过农产品、矿产品的进口额,于是中国东盟贸易顺差开始出现并持续加大,直至 2017 年中国对东盟贸易顺差为 437亿美元。

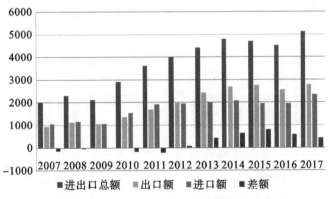

图 10.1　2007—2017 年中国与东盟货物贸易额(单位:亿美元)

双边产品结构发展变化。2000 年以来,中国东盟双边贸易货物种类不断增加,中国向东盟出口货物主要是皮革纺织类、钢铁产品、机械装备以及食品加工等劳动力密集型产品。由于人口红利和其他政策优惠,中国的这些产品在双边贸易中具备较强比较优势。中国的重工业发展起步早于东盟,第二产业得到长足发展,而东盟由于种种条件限制起步较晚,工业基础较弱,不具备竞争优势。

东盟自然资源储备丰富,印度尼西亚、马来西亚、泰国等东盟国家天然气、石油、橡胶、木材等出口额较大,中国从东盟进口类目也主要是油气、橡胶、木材以及农矿产品。随着"一带一路"倡议的不断落实,海洋领域合作不断加深,双方海洋产品贸易逐步增多。近年来,中国和东盟国家的海洋经济迅速发展,各国制定和实施了海洋经济发展战略与政策,推动海洋经济的发展,促进海洋经济结构的调整。尽管中国与东盟海洋合作尚有很大发展空间,但区域海洋经济发展与合作已呈现出广阔的发展前景。

东盟对华投资金额回落,但企业数量增多。2017 年东盟在中国投资新设立企业约 1200 家,同比增长 20.3%,占到 2017 年全国新设立外商投资企业总数的 3.8%;实际投入外资金额达到 46.8 亿美元,同比下降 22.1%,占到中国实际使用外资金额的 3.9%,如图 10.2 所示。以实际投入外资金额来看,东盟在中国内地的外资来源区域排名第三,仅次于中国香港的 904.7 亿美元和欧盟的 82.8 亿美元。

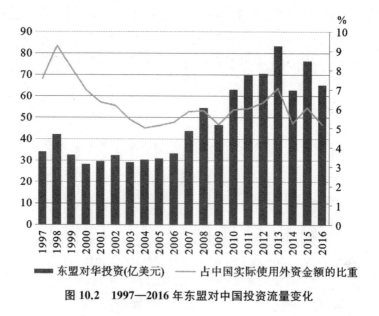

图 10.2 1997—2016 年东盟对中国投资流量变化

东盟对中国投资最多的国家是新加坡。2017 年,新加坡对华实际投资总金额近 44.1 亿美元,占东盟实际对华投资总额的 94.2%。其产业分布主要集中在房地产、交通运输、仓储物流、批发零售、租赁和商务等服务业。其次是越南,越南 2017 年成为中国对东盟贸易顺差最大国,贸易额达到 206.6 亿美元。

从地理优势上来看,东盟地处太平洋和印度洋交界处,处于连接两大洋的交通要道。积极拓展和改善与东盟各国的外交和经贸关系,有利于确保中国海上战略运输通道的安全,也有利于中国走向深海和维护国家海洋权益。中国和东盟双边经济都具有较高的开放性和互补性,具备实现地缘经济利益共享的基础。中国与东盟都处于亚洲新兴经济体范畴内,具有广阔的市场前景,双边贸易额和贸易规模持续扩大,贸易形式逐渐由"产业间贸易"向基于差别产品和规模经济的"产业内贸易"转变,双边互补性分工逐渐形成。这种因区域内差异性形成的优势互补,是资源合理优化配置的最佳体现,能够让各方都最大限度地享受到贸易带来的利益,提高双边国家经济发展效率,促进区域产业转移和升级。从地缘经济合作的角度来看,中国与东盟开展多层次经济合作有得天独厚的优势。中国与东盟国家陆海相接,特殊的地缘关系下,双方既存在已有的边境贸易,还有围绕战略水道形成的"海上丝绸之路";与东盟相邻的中国华南沿海各省区经济发展水平具有差异性,珠三角地区经济发展水平较高,广西、海南相对落后。经济发展的梯度性使得双方既可以开展产业间贸易,也可以进行产业内贸易,发展形成全方位、多层次的经贸合作关系。

10.1.2　中国东盟双边重点领域合作密切

承包工程类合作快速发展。中国"一带一路"倡议的不断深化实施,沿线建设合作进入实质性阶段。中国与东盟在基础设施领域合作成绩显著,这为中国境外承包工程的快速发展提供了良好机遇。2016 年中国企业在东盟新签合同额和完成营业额分别达到 67.4 亿美元和 275.8 亿美元,同比分别增长 30.3% 和3.3%。就市场营业额来看,中国在东盟的前五大工程承包市场排名为马来西亚、印度尼西亚、新加坡、越南和老挝。《东盟互联互通总体规划 2025》发布后,双边积极推动这一规划的落地实施,促进东盟各国发展规划与中国"一带一路"倡议对接,更是为中国承包工程打开了更广的市场,在交通物流建设、房屋建筑、电力工程等领域签署实施了一批重要合作项目。至 2017 年上半年,中国企业累计在东盟国家签订对外承包工程合同达 2962.7 亿美元,累计完成营业额2040 亿美元。

旅游合作取得丰硕成果。中国与东盟在旅游产业领域有丰富的合作前景。两者地理相邻、交通便利、旅游资源丰富,双边在旅游产业建立了多层次的合作机制与平台。滨海旅游是中国和东盟国家旅游业发展最快的市场,它成为这些国家重要的外汇来源之一。2016 年,中国游客出境东盟旅游人数达 1980 万人次,同比增长约 6.4%;同期,东盟游客入境中国旅游人数达 1034 万人次,同比增长近 5%。2017 年作为中国东盟旅游合作年,双边在旅游领域取得了丰硕的合作成果,中国已是东盟第一大入境旅游客源国家,东盟国家也成为中国重要的旅游客源地和目的地。

10.2 中国东盟双边海洋合作发展历程

10.2.1 中国东盟双边海洋合作发展迅速

自 2011 年开始,中国与东盟国家的海洋产业合作逐步展开,并取得一定的成效。随着"海洋强国"战略地位的提升,中国东盟在海洋产业领域合作发展更加密切。中国和东盟在海洋产业领域合作主要集中在海洋渔业、海洋油气业、海洋交通运输、船舶工业和滨海旅游产业。

表 10.2　中国东盟双边海洋合作发展进程

阶段	主要文件	合作领域与发展战略
2011 年	《第十四次中国—东盟领导人会议暨中国—东盟建立对话关系 20 周年纪念峰会上的讲话》	中国方面提出与东盟国家构筑海上互联互通网络,推进海上旅客和货物运输便利化。从海洋科研与环保、互联互通、航行安全与搜救、打击跨国犯罪等领域做起,逐步将合作延伸扩大到其他领域,形成中国东盟多层次、全方位的海上合作格局,并建议双方成立相应机制对此加以研究,制定合作规划。双方达成"加强中国—东盟海上互联互通,开拓海上务实合作"的共识
2012 年	《南海及其周边海洋国际合作框架计划(2011—2015 年)》	框架计划积极配合"一带一路"倡议实施,为"十三五"期间中国与南海及其周边国家、地区、国际组织等合作伙伴,在海洋经济、政策、环境等 7 个方面开展合作确立了实施框架。增加海洋资源开发利用与蓝色经济发展合作领域,以进一步推进合作伙伴海上互联互通、提升海洋经济对外开放水平
2016 年	《南海及其周边海洋国际合作框架计划(2016—2020 年)》	在巩固前一期合作的基础上,进一步扩大合作领域和合作伙伴范围
2017 年	《"一带一路"建设海上合作设想》	推出了"一带一路"建设海上合作的中国方案。中国国家海洋局与东盟国家相关海洋管理部门、科研机构建立了广泛的海洋合作伙伴关系

海洋渔业。中国和东盟国家拥有漫长的海岸线与广阔的海域,渔业资源十分丰富。2017 年,中国海洋渔业产值约为 670.5 亿美元。中国、印度尼西亚、菲律宾、缅甸、泰国和马来西亚均是名列世界前 25 位的渔业大国。马来西亚渔业发展研究报告更是提出到 2030 年,东盟渔业产量占全球总产量的 24%。中国与东盟的海水养殖业合作集中于泰国。双边海洋捕捞合作稳定合作对象是印度尼西亚和缅甸,尤其以印度尼西亚为主。水产品加工合作主要表现为双边加工企业的相互投资,这一方式主要集中在越南和印度尼西亚。

海洋油气业。中国海洋油气业快速发展,海洋石油天然气开采能力逐步增强,2017 年海洋原油产量 4886 万吨,海洋天然气产量 140 亿立方米,海洋油气业 2017 年增加值 1126 亿元。中国与东盟国家的海洋油气业合作主要体现在海洋油气贸易、产业合作形式、能源通道维护和建设、政府间油气开发合作等方面。马来西亚和印度尼西亚是东盟海洋油气产业最为发达的国家。2018 年印度尼西亚石油企业投资额达 170.4 亿美元,油气上游企业投资约达 144.4 亿美元,油气下游企业投资约达 25.9 亿美元。中石油印尼公司自 2002 年成立至 2017 年 15 年间累计投资超过 52 亿美元,累计生产油气 6959 万吨当量、累计给印度尼西亚政府上缴税费超 30 亿美元,中石油中油国际(印尼)公司综合排名居印度尼西亚石油天然气全球勘探开发第 10 位。

海洋交通运输。伴随着中国和东盟国家国际贸易的迅速发展,作为国际贸易主要载体的海洋交通运输得以迅速发展。自 2001 年起,中国与东盟国家已经开始加强在交通运输产业的合作。《中国—东盟交通合作备忘录》、中国—东盟海事磋商机制、《东盟—中国海上运输协议》等文件的签署,为双边运输合作建立了重要机制。此外,伴随着"一带一路"倡议的不断深入实施,双边海上交通基础设施和服务框架的不断完善,海洋航道、港口建设快速发展。中国发起的钦州港—马来西亚关丹港集装箱班轮航线、中国东盟港口物流信息中心、中国东盟港口城市合作网络机制等都体现了双边海洋交通运输合作日渐密切。

滨海旅游。滨海旅游是中国和东盟国家旅游业发展最快的市场。2005 年,东盟十国就向中国全面开放其旅游市场,中国迅速成为东盟第一大客源国。滨海旅游业是中国东盟双边经济合作最早并且成效显著的合作之一,双边旅游产业建立了多层次的合作框架。区域间、次区域合作机制也不断发展,双边接壤城市建立友好合作关系,旅游合作成为首选产业。大湄公河次区域旅游部长会议正是双边次区域合作发展的重要成果之一。2017 年,中国与柬埔寨、缅甸、越南、泰国等国签署旅游合作谅解备忘录等相关协议,与越南签署《2017—2019 旅游合作计划》等。

10.2.2 国际海洋金融产业发展特点

政府引导和市场需求是发达国家海洋金融支撑体系的两大构成要素。现代海洋金融基本特征可以概括为资金需求量巨大、风险较高、投资回收期长等。由于海洋产业投资环境复杂,投资难度较大,多数发达国家都有政府干预活动出现,以政策性金融支持海洋经济发展,与此同时尊重金融市场对海洋紧急的资源配置作用,海洋商业金融发展充分,银行商业贷款、海洋投资基金、融资租赁和证券市场融资成为海洋经济的主导型金融力量。

开放性和排他性是海洋金融业的广泛特征。海洋水体具有流动性、连续性和贯通性,与海岸带、海区和大陆架连为一体不可分割。因此在全球范围内,推动海洋产业发展,海洋公约、海洋法和一系列其他规章形成国际社会比较统一的海洋开发标准和规范,对国际社会任何一个国家在海洋经济与海洋金融形成充分开放的国际化体系有十分重要的影响。而海洋金融业的排他性则体现在,相比陆地金融业,海洋金融具有专业性更强、操作复杂、资金量大、产业链更长等特点。尤其在不同海洋产业链上的金融工具使用区别较大,从而提高了海洋金融的产业门槛。除此之外,海洋金融在国际上发展十分注重历史传承。表现明显的如欧洲市场,长期有家族企业经营海洋金融机构,这一情况即使是跨国金融机构的海洋金融部,也都与海洋实业有着几十年的紧密联系,鲜少出现新的金融机构能在短期内进入海洋金融领域内部。这形成了海洋金融业的"朋友圈",行业内部竞争相对较小,行业利润较高,由占比较少的海洋金融机构制定并掌握着国际市场海洋金融业的开放性国际标准和操作规范。英国在欧洲市场海洋金融领域的发展有特殊之处,其主要与金融市场服务于海洋经济发展。一是,英国海洋经济发展有数百年的经验和基础;二是,正由于英国长久的海洋经济发展经验,却也导致了英国海洋制造业的衰落。

产业融合与产业集聚共同发展,海洋经济强国内部形成海洋实业、金融和高端服务业协同发展,相辅相成的"生态"式结构。这三者的结合更快、更好、更高效地促进所在国家海洋经济的发展速度和程度。世界主要海洋中心城市及城市群的发展实现了海洋金融机构、金融资本和专业人才的集聚。这一集聚效应出现,更大程度上吸引了全球范围内的海洋金融专业机构、资本、人才的到来,区域海洋金融竞争优势更加凸显。

海洋产业贷款是海洋金融业的主要产品。从事海洋产业贷款的银行发展过程中逐渐形成三类：政策性银行、专业银行和商业银行。政策性银行多是由一国政府设立，目的向海洋企业提供低息或无息贷款，提供比市场商业分期贷款偿还期限长的贷款。例如，20 世纪 50 年代的日本就是通过这种政策性银行扶持了日本涉海产业的发展。专业银行则是指那些专业为海洋产业服务的海洋银行，以市场或非市场化的利率对涉海产业提供贷款。例如，德国的德意志船舶银行和挪威国家渔业银行等。商业银行则是按照市场规则由其内部专门负责海洋信贷业务的部门提供贷款业务，贷款利率为市场利率。这一类型国际上著名的有德国北方银行、汇丰银行和苏格兰银行等。国际上海洋产业发展起步较早、发展较成熟的国家，通常还会采用政府担保、贴息等方式降低海洋贷款风险，鼓励商业银行为本国涉海产业提供海洋贷款。德国联邦政府经常使用这种方式以促进商业银行向德国涉海产业发放贷款。挪威出口信贷担保局也提供类似的担保方式，向挪威出口信贷银行或其他商业银行提供出口信用贷款担保，有效降低本国出口信贷的违约风险，促进挪威海洋产业发展。

中国东盟自贸区内，新加坡海运信托基金是亚洲海洋金融产业发展十分有代表性的基金。新加坡是亚洲重要的港口之一，具备得天独厚的地理条件发展航运相关的服务产业。新加坡海运信托基金设立的本质是通过船舶赢利，一般以购买船舶资产并以该资产在长期租约下运营的稳定现金流收益为目的。新加坡海运信托基金区别于其他海洋类基金之处在于它的平民化和大众化。平民化意味着向所有社会一般投资者开放，大众化意味着拓宽了中小型航运企业的融资渠道。

10.3　中国东盟海洋产业金融合作现实问题

在中国东盟自由贸易区的框架下，双边经贸关系迅速发展，海洋经济合作尚处于起步阶段，海洋产业合作将成为区域经济合作的新亮点。中国方面早在 2014 年 11 月，国家海洋局与国家开发银行就联合印发了《关于开展开发性金融促进海洋经济发展试点工作的实施意见》。2017 年 4 月，国家海洋局、中国农业发展银行签署战略合作协议，标志着农业政策金融促进海洋经济发展进入全面深化的新阶段。2018 年 1 月，人民银行、国家海洋局等八部门联合印发《关于改进和加强海洋经济发展金融服务的指导意见》，国家层面海洋经济发展金融服务的顶层设计进一步完善。2018 年 2 月，国家海洋局、中国农业发展银行联合出台了《关于农业政策性金融促进海洋经济发展的实施意见》。根据《实施意见》，农业政策性金融支持一批重点项目，建设一批示范园区，开展一批创新试点，力争"十三五"期间向海洋经济领域提供约 1000 亿元人民币的意向性融资支持。

10.3.1 中国东盟双边金融合作构建顶层设计需求强烈

2017 年，国家发改委和国家海洋局联合发布《"一带一路"建设海上合作设想》，推出了"一带一路"建设海上合作的中国方案。由此，中国与东盟国家的海洋产业合作逐步展开，并取得一定的成效，为加快双边经济合作奠定了政治基础。在这一区域政治经济形势下，实现中国东盟海洋领域的互联互通，推进双边海洋产业合作战略意义深远。不仅有助于双边经济合作规模、合作领域的进一步扩大，推进中国东盟区域一体化进程，更是为稳定双边国家间陆路、海路和平、友好共同发展构建经济纽带。和平、稳定、和谐的国际政治环境为海洋经济的发展提供了巨大支持，而快速发展的经济贸易也逐渐显露出对金融合作顶层设计的强烈需求。

双边海洋产业金融合作的顶层设计，需要在国家间、区域间达成双边海洋产业金融合作共识，在当前阶段，中国东盟海洋经济合作还处在探索阶段，中国方面出台多项政策支持海洋经济建设，但是东盟受自身经济发展水平所限，产业分布不均，海洋产业发展相对滞后，因此，中国东盟海洋产业金融合作国家层面的大战略、大规划、大框架还没有明确，使得区域海洋产业金融合作发展受限。

10.3.2 中国东盟双边金融服务体系不健全，国际金融话语权缺失

中国经济发展迅速、企业"走出去"的跨度和深度都在不断发展，而与之相适应金融服务体系缺位，国际金融话语权缺失成为中国企业国际化发展中的明显限制。主权国家法定货币的国际竞争力是衡量国际金融话语权的重要标志。截至 2017 年第四季度，人民币国际化指数已升至 3.13，同比提高 44.8％。人民币在国际贸易计价结算中的使用率还有很大发展空间，凭借人民币国际化而获得国际金融话语权还任重道远。中国东盟自由贸易区经济规模不断扩大，经贸联系日益增长，从区域经济一体化角度来分析，中国东盟自由贸易区内货币结算体系也需要能够实现区域内统一计价的货币，从而降低国际贸易活动中的交易成本。

双边区域金融服务制度公平、地位平等。国际上有发达国家金融监管限制

发展中国家银行设立分行的不对等要求的金融保护主义先例,甚至有要求已设立分行转为子行,或比照子行标准监管的不公平待遇,国际海洋金融业更是有其历史遗留的"圈子",对于新兴的海洋金融服务机构必然有不同程度的排挤。在双重压力下,中国东盟海洋产业金融合作实现质的飞跃困难重重。

金融产业规划设计滞后,国内商业银行国际化脚步缓慢。国内大型跨国金融机构战略规划设计发展相较双边经贸往来发展速度,我国银行业国际化路线的整体规划仍处在初步阶段,金融服务业走出去的目标、战略方向并不十分清楚。在国际化过程中,我国金融服务业对于国际市场的适应性还有所欠缺,产业间的相互协调和配合不够密切,尤其海洋产业与金融服务业之间的契合点、合作模式以及产品设计专业化等一系列要求都对国内金融机构提出了更高层次、更全面的要求。

以目前中国在东盟地区的金融部署来看,国内主要商业银行境外机构分布较少且不均衡。相比在欧美地区的商业银行网点开辟,我国主要商业银行在东盟的发展较为缓慢。中国商业银行是我国实现"走出去"战略,开辟东盟国家金融合作的重要物质承载,是我国企业国际化发展的重要保障。具体来看,以中国商业银行在境外网点最多的中国银行为例,截至 2020 年 8 月,中国银行在东盟地区虽然网点已覆盖东盟 10 国,但是也仅有 49 家分支机构和 8 家签证中心。就分布情况来看,中国国有五大商业银行在东盟地区设立分行或子公司的数量和布局总体密度较低,分布不均。主要集中在新加坡和越南两国,泰国、马来西亚两国近几年中行分支机构和子公司数量有所增长,但分布集中。菲律宾、印度尼西亚和柬埔寨等东盟国家机构分布较少。这对于中国东盟双边经济合作,满足双边国家未来日益增长的跨境金融需求将是一大掣肘。

10.3.3　中国海洋金融产品设计与双边经贸合作发展需求不适应

中国东盟金融合作不仅需要国家间的"顶层设计",在实际经济活动中,需要对实体经济提供有所针对、项目具体的服务。海洋产业作为国家战略新兴产业,是未来发展的重中之重,产业特性、产业需求、产业发展规划都对金融服务业提出不同的要求。

2019 年全国海洋生产总值 89415 亿元,比上年增长 6.2%,海洋生产总值占国内生产总值的 9% 高于国内生产总值 0.1 个百分点。据测算,2018 年全国涉海就业人员 3684 万人。海洋经济"引擎"作用不断增强,海洋生产总值从 2001 到 2018 年平均每 6 年翻一番。海洋经济在国民经济中的份额保持稳定,海洋生产总值占国内生产总值的比重连续 20 多年保持在 9％以上。据国家自然资源部初步核算,2018 年全国海洋生产总值 83415 亿元,比上年增长 6.7％,海洋生产总值占国内生产总值的 9.3％。其中,海洋第一产业增加值 3640 亿元,第二产业增加值 30858 亿元,第三产业增加值 48916 亿元,海洋第一、第二、第三产业增加值占海洋生产总值的比重分别为 4.4％、37.0％和 58.6％。据测算,2018 年全国涉海就业人员 3684 万人。

从地区海洋经济发展来看,2018 年,北部海洋经济圈海洋生产总值 26219 亿元,比上年名义增长 7.0％,占全国海洋生产总值的比重为 31.4％;东部海洋经济圈海洋生产总值 24261 亿元,比上年名义增长 8.0％,占全国海洋生产总值的比重为 29.1％;南部海洋经济圈海洋生产总值 32934 亿元,比上年名义增长 10.6％,占全国海洋生产总值的比重为 39.5％。这一系列增长为我国海洋金融业发展提供了长足支持和扩容了发展空间。从双边海洋金融发展角度来看,这一迅速增长在为我国海洋金融业国际化发展提供了强有力的实力支撑,更是对海洋产业金融产品设计提出了专业化、个性化、国际化的要求。

海洋经济内部不同产业之间差异明显,因此海洋金融产品的需求也存在差异。海洋渔业为代表的海洋第一产业是最为传统的海洋经济部门,融资需求较简单,通常以自有资金和银行贷款为主。比较复杂的海洋金融类型集中在海洋第二产业和第三产业,尤其远洋航运产业融资需求大、产业链长,金融风险高,涵盖自然风险、市场风险和政治风险。相应的金融工具和金融产品设计也较复杂。面对双边海洋产业经贸发展需求,专业化、个性化的海洋金融产品和工具并没有应运而生,当前还处在摸索阶段。

10.3.4 中国海洋产业金融中心化发展战略规划发展缓慢

全球经济形势发展,亚太成为新兴经济体崛起的中心区域,海洋经济中心也向亚太转移。这一发展趋势对中国与东盟双边海洋金融合作带来重大机遇和挑战。经济发展水平与区域制造业水平有密切关系。东亚地区发达的制造业为亚太海洋经济发展提供了良好的基础,亚太地区正逐渐成长为全球海洋制造业的新兴推力。然而,在亚太地区海洋经济快速发展的同时,海洋金融体系、海洋金融国家间顶层设计、海洋金融制度构建却没有能及时跟上发展速度。

海洋制造业向亚洲转移,海洋金融业务也呈现出向亚洲地区转移的态势。过去以欧洲为中心的全球船舶海工融资,在欧洲船舶和海洋工程制造衰落的同时,海洋金融业务也开始缩水。自 2011 年开始,国际航运金融市场呈现向亚洲转移的趋势。东盟国家自身地理条件为其海洋产业发展提供了良好的基础,尤其新加坡等国涉海金融发展迅速。全球海洋经济中心向亚洲地区转移的趋势客观上要求亚洲地区的海洋金融业自身快速发展,以匹配海洋经济发展持续的、大规模增加的融资需求。在这一发展过程中,中国作为亚洲经济体量最大的国家,发展建设新兴国际海洋产业金融中心义不容辞,而存在的问题是,中国对于自身海洋产业金融服务发展尚且不足,国际化海洋金融中心的建设尚在探索,东盟受限经济发展水平成为海洋产业中心的可能相对较低,而中国东盟共同协作建立区域海洋产业金融中心的博弈尚未结束,这一系列问题导致中国在亚洲实现海洋产业金融中心化发展战略规划缓慢。

10.3.5　中国海洋金融整体产业规划缺失,应对国际风险能力较弱

中国与东盟国家海洋金融合作,既要考虑到海洋金融本身存在的排他性问题,还要遵守本质上属于西方发达经济体主导的世界经济秩序。自金融危机以来,国际货币基金组织和世界银行等国际金融机构对于欧美发达国家相继出现的金融债务危机处理捉襟见肘,并且某种程度上成为向发展中国家转移金融风险的制度性工具。但伴随着亚洲新兴经济体崛起和亚太经济发展增速,欧美发达国家在亚太区域的经济活动逐步受到冲击。中国与东盟国家金融合作在内外压力下发展缓慢,海洋金融合作更是停滞不前。双边海洋金融合作缺少国家层面的战略设计,用以应对海洋金融风险、金融负担过重和金融监管机构职责缺失等问题。而中国国内海洋金融也缺少具有整体性的金融战略设计,金融机构面临内部激励与约束机制不健全、监督制约机制不够完善、金融法规建设滞后等问题。在这一复杂的经济环境下,中国与东盟国家很难在海洋金融国家级战略设计上做出实质性成果,双边开展海洋金融合作的长期战略目标也很难达成一致。这对亚太新兴经济发展,打破欧美经济秩序,构建亚太地区金融新架构都有一定的负面影响。

10.4　中国东盟海洋金融业发展对策思考

中国作为亚洲发展中国家的佼佼者,近年来海洋经济长足发展,"海洋强国"战略上升为国家战略,极大地鼓励了中国海洋经济的发展。"十三五"期间,中国海洋经济在海洋实业、海洋重工实现重大进步,进入"十四五"阶段,国家海

洋经济发展示范区建设全面启动,这不仅为中国海洋金融业的发展提供了坚实的实业基础,更是对海洋金融业的发展提出了巨大需求。

金融业的繁荣通常以金融集聚程度来衡量。中国东部沿海经济较发达地区,海洋金融产业发展较晚,发展阶段还在起步阶段,这不仅是中国东部沿海城市与国际上海洋中心城市的发展差距,也是我国海洋金融业与全球海洋金融业发展的差距。国家或可在未来考虑设立海洋金融城市示范区,助推中国海洋金融业的快速发展。

10.4.1 加强双边国家间战略合作,满足海洋产业金融合作需求

亚洲新兴经济体的崛起,中国扩大金融开放,"海洋强国"上升至国家战略这一背景下,中国与东盟国家开展全方位金融合作是未来很长一段时期的重要任务。中国东盟海洋金融合作的战略设计需要在重点考虑未来国际金融秩序可能出现的变迁与重构框架下,将双边区域内逐步形成的区域金融新秩序与欧美等西方发达经济体控制的国际金融旧秩序的博弈作为出发点,凭借东盟海洋金融的发展基础,侧重于推动人民币对未来国际金融话语权的掌控。抓住世界银行和国际货币基金组织等国际金融机构对全球金融秩序的调整和控制力逐渐减弱的机会,尤其在当前亚洲经济突起,中国积极构建区域金融合作新框架,在未来国际金融秩序中发挥更大的影响力。中国和东盟的双边国家需要明确以服务本区域经济发展、优化投资环境提升金融服务质量为具体目标,通过完善区域内金融监管体系为双边海洋金融合作做好风险预防,降低来自中国东盟经济合作区域以外经济危机带来的风险冲击,推动并保护中国东盟自由贸易区内经济一体化的尽早实现。

10.4.2 推动中国东盟自贸区人民币计价,建立双边海洋金融对话机制

中国作为当今世界最大的贸易国,人民币国际化趋势已具备发展基础,综合考虑地缘经济、地缘政治等因素,选择东南亚地区作为人民币计价的突破口是可行的战略选择。在中国东盟自由贸易区未来如能实现将人民币作为本区域的结算货币,将更好、更快地促进中国东盟共同金融市场的形成,对于加快人民币国际化步伐,增强中国在国际金融领域话语权都有积极影响。同时,中国东盟双边经济合作密切,金融机构入驻需求也日渐强烈,在设计好顶层战略和服务产品的同时,还要加强政府间金融对话合作平等、公平机制的建立,双边监管机构做好跨国金融,尤其是海洋金融的合作与协调,为双边海洋金融业的共

同发展、繁荣、崛起建立对话机制。

10.4.3　构建中国海洋金融体系，实现国际海洋金融要素再聚集

借鉴欧美发达国家海洋金融业发展路径和成功经验，我国海洋产业金融服务要由上而下地作出立体发展规划。对于国内海洋金融发展设计，由具有政策性金融职能的机构设立全国性的海洋类信托基金，出资方来自财政部和国家海洋局，业务覆盖海洋管理、海洋科研资助和风险补偿等具备公共服务性质的专项资金。一方面可以为我国沿海城市海洋活动管理、海洋科研、海洋灾难救助和风险补偿等非经营性行为提供支持，另一方面推动基金的建设和运转还能够将部分盈余资金投于溢出效应或公共性质显著的海洋产业领域，从而吸收社会闲散资金用于海洋产业发展。在国际合作方面，设立海洋产业投资基金、区域海洋开发投资基金等承担不同资金需求职能，遵循市场规律，实行市场化运作，以离岸人民币资金为杠杆，从而撬动在岸人民币市场，催化国内金融需求，融合国际金融发展，追求经济效益。随着"21 世纪海上丝绸之路"倡议的不断深化实施，中国东盟自由贸易区合作力度不断加大，在海洋领域尤其可以通过金融业布局深入推进南海的共同开发。

10.4.4　构建中国东盟海洋经济智库，实现双边海洋经济可持续发展

海洋强国成为国家战略，这一战略应时应需，指出中国经济下一步发展具有前瞻性和挑战性的目标。但是，伴随海洋经济发展和国家战略的不断推进，与中国海洋经济相匹配的智力支持和理论支撑却日渐显现不足。海洋经济智力资源的缺乏，导致战略制定不足进而影响海洋经济整体性、科学性的发展，两者矛盾日渐突出。以海洋强国战略为指导思想，构建与中国社会经济水平相适应的，能够执行国家战略顶层设计和分层对接工作的智库建设，应先于海洋经济发展步伐，得到中央和各级地方政府的鼓励和支持。构建一个完整、立体、灵活的智力支持平台，能够把握国际政治、经济发展脉搏，打开全球经济发展视野，业务领域专业于传统海洋开发工程与现代海洋经济发展的全行业需求，尤其在海洋金融领域投入更多智力支持，吸引海洋经济类人才，从而逐步实现海洋金融要素集聚效应，不仅实现海洋经济智库建设，更是为我国乃至亚洲新海洋金融中心城市的建设提供理论支撑和智力支持。

10.4.5　建立双边开发性金融试点，推动海洋产业金融合作升级

中国在探索总结海洋经济试点建设过程中，可以积极推广自身经验，加强

与东盟国家海洋产业金融合作,积极设立共同的开发性金融试点,具体推行到省一级单位,通过政策引导和制度设计等工作给予双边海洋产业金融合作重点支持。学习全球海洋金融业主要产品和工具主要特性,在银行贷款和信贷担保、海洋基金、企业债券及资产证券化、融资租赁、海洋保险五大类海洋金融产品开发设计上,总结双边海洋产业金融合作需求,促进中国海洋金融产品发展迅速与双边经贸需求相适应。

在海洋产业金融合作过程中共同创新、开发具有更高效率和更高安全性的海洋产业投融资模式和机制,对符合双边海洋产业发展方向的涉海产业、涉海企业,双边金融机构在试点区域内,政策允许范围内给予更多金融服务优惠和更长贷款期限等服务,简化贷款手续,缩短国家间金融业务办理时间,通过试点示范效应,向双边国家内部进行推广形成完整的金融合作体系,为中国东盟海洋产业长足发展提供稳健的金融支持。

10.4.6 建立双边涉海金融服务平台,完善区域内海洋产业金融合作机制

中国东盟海洋产业还处在区域经济合作发展探索之中,未来以海洋金融合作为重要方向的产业金融合作会逐步凸显强势地位。微观上,促进双边金融服务业能够为区域内国家间的海洋实体经济在面对国际金融危机方面提供有所侧重的服务设计,一方面助力中资涉海企业在东盟投资活动健康发展,另一方面不断强化中资银行国际化海洋金融服务。宏观上,建立双边涉海金融服务平台,对双边海洋经济系统进行评测,推进双边国家海洋产业项目库建设,促进双边国家海洋经济信息互通,引导金融合作向优秀海洋产业项目倾斜,鼓励双边国家间共同设立海洋专项资金、海洋产业基金、海洋保险等金融机构和投资担保公司,鼓励投资高技术含量、高产业附加值、高创新潜力但风险较大、市场化推动较困难的海洋战略新兴产业。积极探索涉海产业信托基金,探索专注实现中国东盟双边海洋战略和区域间海洋产业协调发展战略的国际海洋产业投资基金,降低区域内国际金融风险,完善区域内海洋产业金融合作机制。

第 11 章　海洋文化产业的地缘视角探索

世界的贫富差距不仅表现在各国财富积累上,在以财富为基础的话语权上也有同样表现:富裕国家和贫穷国家之间存在难以逾越的信息鸿沟。全球的文化产业资源及其相关资本,大部分以西方发达国家为主导,尤其是以美国为主导的跨国文化集团。

随着以中国为首的亚洲新兴经济体的崛起和海洋强国战略的确立,在打破世界经济原有的西方发达国家统治版图的同时,中国海洋经济也异军突起。伴随着政治、经济在国际范围内的不断发展,我国文化产业发展也逐步走向国际市场的中心。海洋经济的成长发展,海洋在政治版图中的特殊性要求海洋文化产业做好国内、国际发展战略布局。当前,海洋在国家经济社会发展格局、对外开放和维护国家主权中的地位凸显,在国家生态文明建设中的角色显著,在国际文化竞争等方面的战略地位明显上升,海洋文化越来越成为提升全民族海洋意识和增强国家软实力不可分割的重要组成部分。

从地缘环境视角出发探索海洋文化产业的战略发展,不仅是政治地理学、国际关系学、公共关系的重要部分,更是文化产业可持续、高质量发展的重要部分。世界各国的文化产业及文化产品不仅受到消费市场影响,更重要的会受到国家意识形态影响,软政治手段已经是国家品牌宣传推广中最热门的选择。美国总统特朗普在其个人社交软件中经常出现肯德基和可口可乐——这一典型美国文化符号。品牌即文化,商品即经济,这一宣传的背后体现的是特朗普的国际政治关系观点——美国优先。因此,文化产业发展研究既要关注自身框架机制建设,还要研究与国际政治、地缘环境之间的交叉部分。

在信息成为社会发展的原材料和手段后,文化产业这一概念成为集合主要文化传播内容和方式的统一称谓。文化产业贸易成为民族间、国家间辩论的焦点,文化产业的传播活动成为民族和国家主要界定参照的文化在全球化语境下的博弈,是国家或地区经济、政治意识形态的表现。当前,世界各国综合实力博弈中,文化产业已经成为一个突出指标,这不仅是各大跨国集团实力的体现,还包括其衍生出来的复杂的贸易网络。因此,文化产业的繁盛发展,与一国经济利益、政治意识形态以及所处地缘环境关系密切。

11.1 文化产业与地缘话语权

11.1.1 国际舆论环境的控制与文化产业供应链

以信息的流通为基础形成的文化产业供应链遍布人类社会各行各业。经济学中对供应链的性质判定为各种交易组成的体系,文化产业供应链同样具有这一性质。我们无法在现实生产生活中实际触摸到文化产业供应链,我们能掌握的是文化产业供应链的参与者和作为物质承载的文化基础设施——那些在供应链上作为供给端和需求端的活动。亚当·斯密的自由市场、大卫·李嘉图的比较优势和埃米尔·涂尔干的劳动分工理论都在供应链上得到体现,文化产业供应链上流动的资本、劳动力和生产活动在全球范围内快速运转,将最有利的生产要素推向资本最旺盛、实力最强盛的供给端和需求端。文化产业供应链用这种方式将全球的文化市场与人类生活连接起来。例如,互联网就是最新形态的文化产业基础设施,以其为载体无限的供应链诞生其上。

地缘环境的构建发展,直接影响一国国际话语权实力范围,关系到区域舆论环境的利好与衰败,关系到地缘政治力量角逐高低排位。利好的地缘环境能够促进并扩大一国舆论环境的影响力,进而提升文化产业供应链的发展。文化产业供应链不仅是文化产业市场发展形态与文化经济的形象表现,同时也具有提供信息和舆论导向的作用。国际文化产业巨头是全球信息流通的渠道和筛选者,是文化产业供应链的重要组成单元,是影响国际舆论战场和国际形象塑造的重要推手。例如,印度的地缘环境亲美,符合西方发达国家政治利益,其在国际舆论环境中的待遇相比中国要轻松。印度文化产业,尤其是宝莱坞的电影产业在全球文化市场中的影响也要大于中国,在全球文化产业贸易市场排名也远高于中国。

如今中国的政治经济大国地位已经得到世界公认,但是与之相匹配的国家政治态度和意识形态宣传却没有同时确立。随着"一带一路"建设不断深化,中国地缘环境得到前所未有的发展,多民族、多国家、多地区在共同的追求下,使得中国周边地缘政治、经济、文化交流加快,催生中国文化产业供应链的发展,推动文化产业贸易走上新的台阶,在区域国际文化产业竞争中重塑国家意识形态的影响。

11.1.2　全球传媒地缘格局对文化产业的影响

沃尔特·李普曼说,舆论本质上是一种非理性的力量。公民自由总是假设真理要么是自然存在的,要么在无外力干涉的条件下存在获知真理的工具。但当你对付看不到的环境时,这一假设就是错误的。人们在将自己头脑中的"虚假环境"当作真实世界的时候,舆论的力量就已经彰显。

国家实力的分布与全球传媒地缘格局的分布构成存在高度重叠。运用地理学科的分析工具和大数据分析方法,可以发现全球传媒的格局与发达国家的实力分布有正相关关系。国家综合国力的强弱决定了其国际传媒影响力范围的大小。实力雄厚的发达国家控制了世界最大的传媒集团并利用其为本国意识形态塑造有利的地缘环境和输出符合本国利益的价值观;实力弱势的发展中国家在艰难保护自主意识形态不受外来文化削弱的同时,并没有更多的办法为本国意志找到更好的宣传途径。

例如,全球少年儿童包括成年人都热衷观看迪斯尼集团的电影作品;CNN和 ABC 在向世界观众报道新闻的速度和数量上也都难以逾越;维亚康姆集团的音乐作品在全世界青年人的播放器中播放;好莱坞的电影全世界影院都在不停地播放。文化产业在遵守市场规律积极发展之外,都具有主流价值观传播的天性。尤其是具有跨国投资活动的文化产业,在信息传播和娱乐传播的后面,是基于不平等的世界体系上核心国家对边缘国家所输出的,经过加工、处理的信息产业和文化意识形态的主导。这份主导超过了世界物质性贫富差别,是信息和知识的贫富差别,也是文化产业地缘环境优劣形成的重要原因。在全球传媒集团 50 强的地理分布上,总部设在美国的有 23 个,西欧国家 13 个,日本 10个,韩国 1 个,中国 3 个传媒集团进入世界 50 强,发展中国家除中国外几乎没有。这种世界传媒版图与亚洲的崛起和中国世界大国地位的确立并不相称。

11.2　地缘环境对海洋文化产业的塑造

11.2.1　地缘地理环境对海洋文化产业的影响

国家的地理边界稳固、坚定、不可动摇,但是政治地理和海洋一样具有灵活性。人类科学技术进步和信息技术的发展,使得继世界政治经济"全球化"之后,信息交流"互联互通"成为新的热门,这也对海洋文化产业的兴起提供了条件。在新信息时代,政治国境线正将实际影响力交给功能连接线。国境线按照政治地理需求分开了国家与地区;科技发展与信息技术让功能地理把国家与地区、海域又连接在一起,甚至打破格局重新组合,为信息流通开辟了新的市场。世界现存的或规划建设的许多大型基础设施,或多或少都有可追溯的历史——因地理、气候、文化等因素而形成的古代基础设施。例如,20 世纪 60 年代从伦敦到印度的"嬉皮之路",覆盖了当年横穿欧亚的古代丝绸之路,如今又被"一带一路"这一伟大倡议拨开时光之尘重新展露在世人面前。

一系列的文化进步和科技发展催生了文化产业在国家政治地理中的"互联互通"的特性。它从根本上打破了传统的时间与空间限制,地缘环境的空间体系已经由不断发展的信息技术和传播渠道延伸到人类世界的各个领域,突破陆地和海洋的地理限制模糊了传统意义上的政治地理边界。国境线从意识形态角度来看已经算不上真正的边界,网络安全监控布局往往比国境线更有防范力量。地缘环境的建设发展,更加突出了文化产业在政治博弈中的重要地位。在信息化时代,最核心的事实就是每个国家、每个市场、每一类通信媒介以及每种自然资源都相互联系。在收缩的地缘政治世界和全球相互依赖背景下,传统的政治地理概念,比如,心脏地带、边缘地带、区域核心、外围和遏制等地缘政治词汇在通信直接、联系紧密的世界中意义逐渐削弱,而文化产业所代表的国家利益和意识形态正在逐步加强。

11.2.2　地缘政治环境对海洋文化产业的影响

1946 年,美国国务院的会议记录就有记载其对文化产业的谨慎态度:"国务院计划尽一切努力在政治和外交上,破除人为设立的阻挡美国私营新闻机构、杂志、电影和其他传媒介质在全世界扩张的障碍……新闻自由以及一般的信息交换自由,是我们对外政策的一个不可或缺的部分。"1948 年的联合国信息自由会议上也通过了主要体现美国立场的有关信息自由流动主张的文件——这标志着美国把信息的自由流动看作国际贸易组织宪章的自由延伸而并不是本身的重要议题,其对于中国和印度极力地保护自身民族新闻机构的极度反对则是证据。虽然当时文化产业的概念还没有被提到国际政治舞台的面前,但是美国政府的积极布局已经彰显出文化产业在战后世界政治、经济、社会发展中的重要作用,同时也显示出中国在文化产业国际政治布局中的迟到。

信息的流动,本质上是资本流动的一部分,但是,这一活动往往表现为文化和政治的争论和冲突。

文化产业经过长期发展,其在地缘政治中的特殊地位已经被认可。文化产业的传播学属性明确,其作为国家地缘环境治理工具的天性明显。其通过产业化输出,更系统、更稳定、更全面地对一国意识形态进行不遗余力的宣传。通过利用价值体系、舆论战争、国家形象、文化扩张、思想宣传等手段为国家政治服务,增强国家在世界政治局势中的影响力,是国家软实力的重要体现。

文化产业作为全球范围内的战略性产业,在政治、经济、军事领域影响力与日俱增,发展空间也日渐扩大,已经成为民族、国家之间综合实力博弈的主要领域之一。国家安全、国际话语权、地缘环境都离不开文化产业发挥其国家软实力的影响力。文化产业整合了人类对环境感知的所有体验、信息以及在此基础上的所有处理后的信息与体验。文化产业化后带来的是人类创造的经过处理的信息的虚拟空间的产业化,经过二次处理的空间意向景观,结合文化产业所处的地理环境、人文环境和政治经济环境就创造出了文化地缘环境,支配区域内人类文化活动构建出意识地缘环境。文化地缘环境,并不是由地缘政治学说衍生出的地缘环境,由人类意识和文化产业经过信息处理后塑造出的地缘环境。与传统的现实体验感相比,现阶段的人们更倾向于接受这一选择。因此,文化产业地缘环境的重要性得以体现——谁能取得文化产业地缘环境的主导地位,就能够得到这一空间意向景观中信息表达的主观立场。因此,海洋文化产业作为海洋强国战略的重要组成部分,在国家意识形态的表达上,也有十分重要的政治意义。

良好的地缘环境为文化产业的发展提供了优秀的土壤,助推文化产业国际化发展顺利通畅。举例来说,电影节作为文化产业的重要组成部分,日渐受到政治青睐。金凤凰电影节作为 2018 年上合组织青岛峰会的重要版块,在互信互利、平等协商,尊重多样文明,谋求共同发展的精神下,将中国文化产业的丰满形象直观地展现给上合组织成员国家,同时也为上合组织参会国家的文化产业合作提供了展示平台。

11.2.3 地缘经济环境对海洋文化产业的影响

世界上最富有的 100 个人中,有超过 40 个来自文化产业。文化产业与地缘经济之间的联系一直十分紧密,尤其大型的媒体集团与其他领域的集团关系更是盘根错节,继而影响到世界地缘环境的变化。能够客观谨慎地处理文化产业与地缘经济环境的关系,促使两者相辅相成、共同发展十分重要。

稳定的区域公共安全和投资环境,紧密的国家、地区经济合作是区域经济一体化的重要体现,强有力的物质支撑和多元经济组成为国家间、区域间的文化产业发展提供了强有力的支持。在全球文化趋同的时代,区域文化的反弹力是推动文化产业发展的主要动力之一。区域文化的鲜明特征和民族性有广泛的社会基础和历史渊源,所立足的经济环境为其发展提供了长足可能。因此,中国不断提升的国家地位和经济实力,海洋强国战略的不断实践发展,不仅有利于区域间快速形成"求同存异"的经济环境,还能够在意识形态领域得到认可的条件下,以文化为纽带,突破陆海地理限制在和平发展、环境保护、能源安全、反恐行动等广泛领域,迅速形成协作体系,通力合作,共同发展。

美国早在1890年就制定了《谢尔曼反托拉斯法》以及后来的《克莱登法案》作为对谢尔曼法案的补充用以遏制大公司的垄断,但是这些反托拉斯法案只能针对市场上存在相互竞争的大公司之间,而对于跨行业的文化产业这种不存在竞争关系的"合作托拉斯"并没有实际约束,巨大的经济利益和宽容的市场催生了文化产业的畸形需求,使其眼光转向了对权利的控制。例如,迪斯尼公司旗下的美国广播公司与加德士石油公司和德士古石油公司分别共有两名董事会成员。与之共有董事会成员的其他大型集团还有联邦快递公司、美洲银行、西北航空公司和希尔顿酒店集团等。这些"合作托拉斯"的董事会成员分享商业情报,协调商业利益,筛选商业信息,公关社会舆论,将经过谨慎处理的信息通过合作托拉斯的媒体传播给社会大众。这些"合作托拉斯"集团在地缘中、微观经济环境中影响巨大,垄断信息来源和区域间、国家间文化产业供应链,直至撬动区域经济发展影响国家利益,其最终结局只能是被国家权力部门打散分解。因此,科学、客观、高效、严肃地利用地缘经济环境中的有效因素,能够为文化产业的发展取得事半功倍的效果,尤其为海洋文化产业的市场化、商业化之路作出规范约束,避免其受市场利益驱使危害国家集体利益。

11.2.4　地缘人文环境对海洋文化产业的影响

文化的发展是人类进步的重要标志,文化产业的发展则是国家进步的重要指标,海洋文化产业的发展是海洋强国战略的重要组成。地缘人文环境是在多政治体制和多经济体制基础上,以地理相近或贸易相近促成的人文环境。地缘人文环境对一国文化产业的影响是一个动态的过程。在由内而外的文化输出上,体现的是本土文化的外向扩张和渗透,逐步形成文化区域一体化,其最终形态是区域意识形态的统一。另一方面,在应对由外向内的文化入侵中,地缘人文环境影响体现在对本土文化的维护,强化本土文化的独立性,避免其因外来文化的冲击而淡化甚至同化。这一点与传播学中传媒介质的文化影响有所不同,传媒介质由外向内过程是无差别的传播活动,其体现的是作为介质和渠道的特性,而地缘人文环境则是有差别的,是有所选择的介质和渠道。由此也可以看出,一国的意识形态建设越强势,其地缘人文环境越稳定,文化产业应对国际环境中的内外流通也越从容。

同为身处亚洲的发展中国家,印度要比中国在国际地缘人文环境中的影响力更大,这对印度的文化产业尤其是宝莱坞的电影产业提供了十分优良的发展环境。而中国虽然也有横店影视城和东方影都两个规模可观、产量可观的影视产业基地,但是两者与宝莱坞的文化实力不可相提并论。我国文化产业发展还停留在狭义的效益增长阶段,还远没有发挥出文化作为国家软实力的真正作用,没有上升到能够产生国际政治影响力、文化产业地缘环境建设的高度,在意识形态领域的发展较为初级。

我国海洋文化历史悠久,影响深远,尤其对日本、韩国、东盟等国家和地区有十分深厚的文化沉淀。重视地缘人文环境的塑造和管理,对我国海洋文化产业的国际化发展有直接影响。

11.3 海洋文化产业建设未雨绸缪

习近平主席在山东考察期间说:"建设海洋强国,我一直有这样一个信念。发展海洋经济、海洋科研是推动我们强国战略很重要的一个方面,一定要抓好。关键的技术要靠我们自主来研发,海洋经济的发展前途无量。"建设海洋强国,经济和文化二者缺一不可。目前来看,海洋文化产业的发展建设还停留在历史遗留和民风民俗阶段,对海洋文化资源的开发和利用还停留在发展初期,海洋文化产业发展建设具备很大空间。

11.3.1 发展海洋文化产业的重要意义

中国对于海洋文化资源的开发历史相比海洋经济要悠久得多。最早追溯到华夏部落联邦时期,就出现天然海贝钱币。此后的仰韶文化、龙山文化、大汶口文化和二里头文化遗址以及后期的商周墓葬中都有天然的海贝钱币出现。

随后,春秋战国时期的海贝装饰物,唐朝时期的镶螺钿乐器(现收藏于日本正仓院)都展示着中国历史发展中沿海居民利用海洋资源开展商贸往来和文化交流的痕迹。

从文化社会学的角度看,海洋文化产业是中国特色社会主义文化产业体系的重要组成部分,是海洋强国软实力建设的重要方面。海洋文化产业发展是对国家海洋强国战略、推动文化产业成为国民经济支柱型产业和大力发展海洋经济的重要实践。

从地理经济学的角度看,海洋文化产业一方面可以推动沿海地区开发利用海洋空间维度的速度,增加海洋综合服务业产值,另一方面可以带动沿海地区腹地综合开发建设和上下游产业链的形成,打破传统海洋经济产业转型升级的瓶颈,提升海洋经济对国民经济的支持作用。

从民族文化与民风民俗的角度考虑,海洋文化产业在"21世纪海上丝绸之路"的建设发展框架下,能够更好地实现海域邻国和地区之间的同源性文化交流,一衣带水,建立和提高我国在周边邻国的话语权影响力、提升沿海地区文化产业的国际竞争力。

从国家精神文明建设与文化需求角度看,海洋文化产业的发展是新时代精神文明建设百家争鸣的体现,是中华民族陆域文化与海洋文化的有益融合碰撞,是民族文化的重要组成和创新动力。海洋文化产业具有广阔的创作空间和鲜活的题材,可以极大地丰富民族文化和国家文化产业,形成具有广深领域、强大潜力的民族文化新动力,形成海洋文化产业规模化、链条化发展新力量。

11.3.2　海洋文化产业发展政策鼓励与国家支持

我国第一部《全国海洋经济发展纲要》在主要海洋产业的滨海旅游业中提出,滨海旅游业要进一步突出海洋生态和海洋文化特色;实施旅游精品战略,发展滨海度假旅游、海上观光旅游和涉海专项旅游;加强旅游基础设施与生态环境建设,科学确定旅游环境容量,促进滨海旅游业的可持续发展。

"十五"期间,我国东部沿海各省市相继制定区域内海洋经济规划和措施。随着海洋强国战略作为国家战略的确立,与国家关于推动文化产业发展的思路相结合,出现并成长一批海洋文化创意、海洋影视制作、海洋出版发行、印刷制作、演艺娱乐和海洋动漫产业示范基地和团队。

2017年,国家发改委和国家海洋局会同有关方面编制的《全国海洋经济发展"十三五"规划》确立了"十三五"时期海洋文化产业发展的基本思路、目标和主要任务。其中,提出要拓展提升海洋服务业,发展海洋文化产业。《规划》要求加大海洋意识与海洋科技知识的普及与推广力度,结合基本公共文化服务体系建设,建立一批海洋科普与教育示范基地,促进海洋文化传播。严格保护海洋文化遗产,开展重点海域水下文化遗产调查和海洋遗址遗迹的发掘与展示,积极推进"海上丝绸之路"文化遗产专项调查和研究。推动国家水下文化遗产保护基地建设。继续办好世界海洋日暨全国海洋宣传日、中国海洋经济博览会、世界妈祖文化论坛、中国海洋文化节、厦门国际海洋周、中国(象山)开渔节等活动。挖掘具有地域特色的海洋文化,发展海洋文化创意产业。规范建设一批海洋特色文化产业平台,支持海洋特色文化企业和重点项目发展。依托相关地域海洋传统文化资源,重点推进"21 世纪海上丝绸之路"海洋特色文化产业带建设。

11.3.3　海洋文化产业发展存在的问题

中国海洋文化产业发展十分迅速但是深度不够,虽然这些年来已经成为拉动沿海地区国民经济社会发展的新力量,但是纵深成长还有许多问题。

中国海洋文化资源开发分散、企业布局凌乱、经营模式粗放等问题是制约海洋文化产业发展的瓶颈,我们需要注意海洋经济的快速发展与海洋文化之间的协调,海洋经济和文化两手都不能放。在这一问题上,政府出台相关规章制度,履行监督监管职责不可或缺。海洋文化产业的未来建设是完整的、系统的、生态的,而不是停留在与其相关的产业分类上。例如,《第一次全国海洋经济调查海洋及相关产业分类》中,并没有关于海洋文化产业的表述,只有部分内容与"海洋文化产业"沾边,分别是海洋经济类别、海洋相关产业。这些内容与真正意义上的海洋文化产业差别巨大。

海洋文化产业在顶层设计、政策支持、理论研究、学科建设、国家标准和产品开发等方面都需要任重道远的不懈努力。

11.4　中国海洋文化产业国际化发展与战略建议

文化产业发展是自由自律的,资本是流动的,这决定了文化产业的战略格局必将面向国际、多元融合、共同发展。因此,在稳定、友好的地缘环境下,促进区域海洋文化产业协作十分重要。文化产业的交流互通,不仅能够促进自身开放合作、和谐包容、市场运作和互利共赢,还能实现传播国家文化、传递国际友谊、弘扬民族精神的重大功能。

文化科技深度融合是新时代中国特色社会主义文化发展的主导思想,是大势所趋也是市场需要。中国海洋大学发挥了重要引领作用。其中,由中国工程院院士管华诗指导把关、向习近平主席汇报介绍的中国海洋题材大型纪录片《海洋本草》开启了我国海洋植物、海洋药物观测与科普的新篇章,山东省首部海洋题材纪录片《向东是大海》入围 2019 德国金树国际纪录片节。

11.4.1 提高站位,同步中国海洋文化产业国际化进程

增强地缘战略互信,促进海洋文化产业链形成。文化产业地缘环境的建设核心工作在于共同发展,不是强势的一方对弱势一方的文化入侵,也不是文化消融,而在于同一地缘环境内国家和地区间文化交流的开放、包容。"倡议是中国的,但机遇是世界的。""中国奉行的不是门罗主义,也不是扩张主义,而是开放主义。"加强地缘共同体间多元合作,建设繁荣的区域经济环境和稳定的区域政治环境,构建符合中国大国地位的地缘环境,增进双边、多边了解,互通有无,强化地缘关系纽带,能够为中国文化产业的国际化发展奠定稳定、扎实的政治、经济基础。进一步,将双边、多边文化产业发展需求与供给联合起来,打破西方国家政治屏障,建设以我国意识形态为主导的文化产业供应链,既是我国文化产业抵御国际市场风险的必然要求,也是我国大国形象意识体系的重要载体。

习近平总书记曾在"一带一路"国际合作高峰论坛开幕式的演讲中指出:"国之交在于民相亲,民相亲在于心相通。"地缘战略互信是推动中国海洋文化产业国际化发展的重要力量,是促成海洋文化产业互通的重要途径。地缘环境中意识形态领域的不同是中国在地缘环境发展的严重掣肘。地缘共同体间的民众互信互通,积极合作为国家和地区间文化合作、融通打下牢固的文化贸易基础。良好的地缘战略互信,能够促进海洋文化产业供应链的发展,绵长而稳健的供应链能够将多边经济利益牢固地把持在产业链条上共赢共荣,这与"一带一路"伟大倡议不谋而合。

强化地缘环境命运共同体意识,提升海洋文化产业国际地位。习近平在印度尼西亚国会发表演讲时提出建设讲信修睦、合作共赢、守望相助、心心相印、开放包容的"中国—东盟命运共同体",让命运共同体意识在周边国家落地生根。亚洲新兴经济体的崛起打破了全球经济发展局势,其中最为突出的就是中国。强化地缘环境共同体意识和共同体利益,有利于中国文化产业尤其是海洋

文化产业在世界文化市场竞争中脱颖而出,有利于削弱国际敌对势力对我国文化产业国际发展的围剿,打破美国的环太平洋岛链战略,日本的战略对抗,俄罗斯的战略不信任,菲律宾、越南、印度的战略不合作等对我国地缘环境安全的威胁,这是中国文化产业真正发挥政治需要的必经之路,是实现中国文化产业走向国际市场的必然挑战,也是中国文化产业抵御国际风险和西方意识形态围剿的最根本保障。

11.4.2　突破壁垒,构建中国海洋文化产业国际发展战略格局

立体化发展地缘话语体系,确立海洋文化产业战略定位。中国的文化产业发展还处于自然生长初期,还没有到能够携国家意志挑战国际市场秩序的阶段。但是,树立正确的价值观和宏大的格局观是十分重要的。中国文化产业的政治态度和立场始终要与国家意志保持高度一致,牢固树立国家、民族价值体系和观念,增强抵御外来文化入侵的免疫力。发挥主观能动性,正确处理文化产业市场化发展与国家地缘环境话语权之间的矛盾,在国家地缘话语主体制定和选择话语内容上,维护国家利益;在话语对象接受和认同过程中,积极构建地缘话语平台与传播渠道,掌握和提升国家地缘话语权、构建国家地缘环境公共话语体系,丰富话语主体打破单一官方主体局面,积极发展媒体话语主体、学术话语主体和公众话语主体,增强中国在地缘环境中的国际话语认同度和说服力,明确中国文化产业战略定位。

海洋文化产业在这个框架下,发挥自身作用,改善海洋地缘环境话语权控制中话语内容和话语质量。马克思认为,交往是一切实践活动得以进行的前提和条件,话语也产生于交往。地缘环境中话语的内容与质量直接影响地缘政治、经济活动的开展。海洋文化产业需要立足现实、回顾历史、突出海洋地缘环境中人文共同点,从而引起海洋地缘环境共同体国家共鸣。提升海洋地缘话语质量,要重视海洋地缘共同体人文价值意蕴和内在逻辑,打造能够体现国家软实力的地缘话语力量,既能倡议合作共赢,又能驳斥敌对舆论。

海洋文化产业的地缘环境职能还要突出话语平台掌控能力,保障并促进有利于国家意识形态表达的渠道和平台,构建国家海洋地缘环境话语权的物质载体。权威、多元化的话语平台和传播渠道能够更好地得到话语对象的了解和认同。

11.4.3　弘扬中国民族精神与本土文化精华,打破西方文化产业垄断

中国文化产业的地缘环境构建意识自古有之,自战国时代至明清时期,历

史上的地缘政治大视野遍布中国地理版图。顾炎武的《天下郡国利病书》和顾祖禹的《读史方舆纪要》以中国地理分布为脉络,历史发展为导向构成了最早的中国文化地缘政治格局。传播中国文化和表达中国声音是对外传媒的重要任务,但中国文化产业尤其是海洋文化产业在顶层设计尚且缺位的情况下,想要实现国际化发展和全球化扩张都将面临巨大挑战。中国传媒进军海外市场面临着政治、文化、宗教、语言、民俗等多重壁垒。中国文化产业不仅在"走出去"时面临巨大挑战,还要应对国际传媒巨头进军中国给本土传媒带来的巨大冲击,潜移默化影响社会意识形态,输出西方价值观,从而冲淡本土文化同时还威胁到国家安全。在文化产业尤其是海洋文化产业国际发展上,还要注意本土文化在国际化、市场化背景下坚持中国导向的话语体系的构建以及中国意识形态输出的博弈立场。打破原有国际文化产业市场布局,弘扬中国民族精神与本土文化是中国文化产业战略发展的重点也是目标之一。

11.4.4　加强中国海洋文化产业国际合作,构建海洋文化产业新格局

全球传媒集团作为国家软实力的重要物质载体已经得到公认。文化产业的天性之一就是对利益的追逐,加强国际合作不仅能够实现其追求经济利益的渴望,还能在产业合作中实现文化的交流互通,打开中国文化进入全球市场的突破口。积极组织建设能够体现中国文化产业风采的国际水平海洋文化人才团队,加强海洋地缘环境中多边、双边文化合作交流,有力有序有效地建设中国海洋文化产业的国际市场,推进外宣工作的进行,提高对外文化交流质量,提高中国海洋文化产业核心力量在国际市场上的可见度和可信度,增强中国在海洋地缘环境中的话语权,增强中国在国际文化产业海洋类别竞争中的权威性和影响力,逐步提升自身水平从而提升国家软实力输出质量,重构世界文化产业竞争地理版图,夺取匹配中国作为亚洲新兴经济体和超级大国的国际话语份额。

参考文献

[1] 中央经济工作会议在北京举行[N]. 新华日报,2018-12-21(01).

[2] 中共中央编译局. 列宁选集第 4 卷[M]. 北京:人民出版社,1995:26.

[3] 蔡昉. 从中国经济发展大历史和大逻辑认识新常态[J]. 数量经济技术经济研究,2016(8):6.

[4] 徐现祥,李书娟,王贤彬,毕青苗. 中国经济增长目标的选择:以高质量发展终结"崩溃论"[J]. 世界经济,2018(10):24.

[5] 洪银兴. 论中高速增长新常态及其支撑常态[J]. 经济学动态,2014(11):4.

[6] 习近平:迈向命运共同体 开创亚洲新未来[N]. 人民日报,2015-03-29(01).

[7] 托马斯·皮凯蒂. 21 世纪资本论[M]. 北京:中信出版社,2014:73.

[8] 中共中央文献研究室. 建国以来重要文献选编(第 9 册)[M]. 北京:中央文献出版社,2011:293.

[9] 杨嘉懿. 以新发展理念破解经济发展的不平衡不充分[J]. 理论月刊,2019(2):34.

[10] 韩喜平,王晓慧. 改革开放 40 年中国民生制度建构历程与成效[J]. 学术交流,2018(10):101.

[11] 习近平. 决胜全面建成小康社会 夺取新时代中国特色社会主义伟大胜利——在中国共产党第十九次全国代表大会上的报告[M]. 北京:人民出版社,2017:11.

[12] 马克思恩格斯文集(第八卷)[M]. 北京:人民出版社,2009:357.

[13] 马克思恩格斯文集(第二卷)[M]. 北京:人民出版社,2009:36.

[14] 马克思恩格斯文集(第五卷)[M]. 北京:人民出版社,2009:53.

[15] 马克思恩格斯文集(第五卷)[M]. 北京:人民出版社,2009:230.

[16] 马克思恩格斯文集(第八卷)[M]. 北京:人民出版社,2009:198.

[17] 马克思恩格斯文集(第十卷)[M]. 北京:人民出版社,2009:599.

［18］马克思恩格斯文集(第一卷)[M]. 北京:人民出版社,2009:527.

［19］马克思恩格斯全集(第四十六卷下)[M]. 北京:人民出版社,1980:116.

［20］马克思恩格斯全集(第四十九卷)[M]. 北京:人民出版社,1980:91.

［21］马克思恩格斯文集(第五卷)[M]. 北京:人民出版社,2009:59.

［22］马克思恩格斯文集(第五卷)[M]. 北京:人民出版社,2009:60.

［23］马克思恩格斯文集(第六卷)[M]. 北京:人民出版社,2009:44.

［24］邓小平文选(第三卷)[M]. 北京:人民出版社,1993:377.

［25］邓小平文选(第三卷)[M]. 北京:人民出版社,1993:120,40.

［26］马克思恩格斯文集(第五卷)[M]. 北京:人民出版社,2009:366.

［27］颜鹏飞,李酺. 以人为本、内涵增长和世界发展——马克思主义关于经济
    发展质量的思想[J]. 宏观质量研究,2014(1):41.

［28］马克思恩格斯文集(第六卷)[M]. 北京:人民出版社,2009:718.

［29］马克思恩格斯文集(第六卷)[M]. 北京:人民出版社,2009:192.

［30］马克思恩格斯文集(第七卷)[M]. 北京:人民出版社,2009:756.

［31］马克思恩格斯文集(第七卷)[M]. 北京:人民出版社,2009:760.

［32］邓小平文选(第二卷)[M]. 北京:人民出版社,1994:128.

［33］邓小平文选(第二卷)[M]. 北京:人民出版社,1994:152.

［34］邓小平文选(第三卷)[M]. 北京:人民出版社,1993:148.

［35］邓小平文选(第三卷)[M]. 北京:人民出版社,1993:143.

［36］邓小平文选(第三卷)[M]. 北京:人民出版社,1993:90.

［37］江泽民文选(第1卷)[M]. 北京:人民出版社,2006:462.

［38］江泽民文选(第2卷)[M]. 北京:人民出版社,2006:533.

［39］江泽民文选(第2卷)[M]. 北京:人民出版社,2006:545.

［40］胡锦涛文选(第2卷)[M]. 北京:人民出版社,2016:545.

［41］胡锦涛文选(第2卷)[M]. 北京:人民出版社,2016:630.

［42］习近平谈治国理政(第2卷)[M]. 北京:外文出版社,2017:245.

［43］张占斌,周跃辉. 中国特色社会主义政治经济学[M]. 武汉:湖北教育出版
    社,2016:85.

［44］扎实推动经济高质量发展 扎实推进脱贫攻坚[N]. 人民日报,2018-03-06
    (01).

［45］习近平在参加广东代表团审议时强调 使创新成为高质量发展强大动能
    [N]. 新华日报,2018-03-08(01).

［46］习近平在山东考察时强调　切实把新发展理念落到实处　不断增强发展创新力［N］. 新华日报,2018-06-15(01).

［47］中共中央宣传部. 习近平新时代中国特色社会主义思想学习纲要［M］. 北京:学习出版社,人民出版社,2019:113.

［48］赵大全. 实现经济高质量发展的思考与建议［J］. 经济研究参考,2018(1):7.

［49］习近平. 之江新语［M］. 杭州:浙江人民出版社,2007:37.

［50］中共中央文献研究室编. 十四大以来重要文献选编(上)［M］. 北京:中央文献出版社,2011:107-108.

［51］王毅. 王毅谈"一带一路":倡议是中国的,机遇是世界的. 中华人民共和国外交部网站［EB/OL］. [2016-3-8]http://www.fmpre.gov.cn/web/zyxw/t1345928.shtml.

［52］习近平. 携手建设中国—东盟民运共同体——在印度尼西亚国会的演讲［N］. 人民日报,2013-10-04(02).

［53］习近平. 为我国发展争取良好周边环境　推动我国发展更多惠及周边国家［N］. 人民日报,2013-10-26(01).

［54］〔美〕赫希曼. 经济发展战略［M］. 曹征海,潘照东,译. 北京:经济科学出版社,1991:5.

［55］中华人民共和国国家统计局. 中国统计年鉴(2018)［M］. 北京:中国统计出版社,2018:4,5,12.

［56］〔美〕西蒙·库兹涅茨. 现代经济增长［M］. 北京:北京经济学院出版社,1989:353-383.

［57］中华人民共和国国家统计局. 中国统计年鉴(2018)［M］. 北京:中国统计出版社,2018:940.

［58］黄群慧. 从高速度工业化向高质量工业化转变［N］. 人民日报,2017-11-26(5).

［59］付玉,王芳. 坚持陆海统筹　建设海洋强国——我国海洋政策发展历程与方向［J］. 国土资源,2019(10).

［60］李振福,田严宇. 基于KJ法的北极航线问题研究［J］. 世界地理研究,2009,18(03):97-102.

［61］丰朴春,陈大勇,杨蕾馨. 优序图法在投标项目选择中的应用研究［J］. 价值工程,2011,30(28):62-63.

［62］任中保,乔黎黎. 国家自主创新能力内涵与建设思路［J］. 科研管理,2013

(9):19-26.

[63] 中国社会科学院工业经济研究所"质量强国"研究课题组. 中国经济转型中质量强国战略框架体系[J]. 财经智库,2017,2(05):23-40+142.

[64] 中华人民共和国国家统计局. 中国海洋统计数据(2019)[M]. 北京:中国统计出版社,2018:940.

[65] 马茹,张静,王宏伟. 科技人才促进中国经济高质量发展了吗? ——基于科技人才对全要素生产率增长效应的实证检验[J]. 经济与管理研究,2019(5):3-12.

[66] 刘志彪,吴福象. 现代经济学大典·区域经济学[M]. 北京:经济科学出版社,2016.

[67] 中华人民共和国国家统计局. 中国统计年鉴(2018)[M]. 北京:中国统计出版社,2018:832-833.

[68] 王萌,卢泽华. 中国迈向数字大国[N]. 人民日报海外版,2018-04-27(10).

[69] 戚聿东. 贯彻新发展理念 加快发展数字经济[N]. 光明日报,2018-09-04(15).

[70] 裴长洪. 中国经济向高质量发展的十大变化趋势[N]. 经济日报,2019-07-27(01).

[71] 党的十九大报告辅导读本[M]. 北京:人民出版社,2017:32.

[72] 中共中央文献研究室. 十八大以来重要文献选编(中)[M]. 北京:中央文献出版社,2016:245-246.

[73] 王薇. 中国经济增长数量、质量和效益的耦合研究[D]. 西北大学,2016:89.

[74] 张车伟,赵文,王博雅. 经济转型背景下中国经济增长的新动能分析[J]. 北京工商大学学报(社会科学版),2019(3):117-126.

[75] 程海森. 中国经济增长质量统计思考与实践[M]. 北京:中国金融出版社,2016:62.

[76] 马忠玉. 中国与世界经济发展报告(2018年版)[M]. 北京:中国市场出版社,2018:22.

[77] 国际比较研究院. 2017新动能新产业发展报告[M]. 北京:中国统计出版社,2017:9.

[78] 於方,马国霞,齐雯. 中国环境经济核算研究报告(2007—2008)[M]. 北京:中国环境科学出版社,2012:101-106.

[79] 任保平,张星星. 高质量发展对中国发展经济学新境界的开拓[J]. 东南学

术,2019(6):129.

[80] 邓小平文选(第三卷)[M]. 北京:人民出版社,1993:377.

[81] 邓小平文选(第三卷)[M]. 北京:人民出版社,1993:120,40.

[82] 马忠玉. 中国与世界经济发展报告(2018 年版)[M]. 北京:中国市场出版社,2018:22.

[83] 国家海洋局,中国海洋 21 世纪议程[M]. 北京:海洋出版社,2008.

[84] 钱伯章. 新能源——后石油时代的必然选择[M]. 北京:化学工业出版社,2007:60.

[85] 杜祥琬,黄其励,李俊峰,高虎. 我国新能源战略地位和发展路线图研究[J]. 中国工程科学,2009(11):4-9+51.

[86] 金和林,姜月,崔文,等. 我国新能源产业的国际竞争力分析[J]. 科教导刊,2013(26):183-184.

[87] 蒋凯. 中国环境产品出口竞争力及影响因素研究[D]. 江西财经大学,2016.

[88] 许泰秀. 韩中两国新新能源政策比较与合作展望[D]. 大连理工大学,2010.

[89] 杜秋玲. 中德光伏产业国际竞争力比较研究[D]. 东北财经大学,2012.

[90] 整理自 https://www.schjodt.no/en/expertise/renewable-energy/.

[91] 国际海事组织(IMO)第 72 届海洋环境保护委员会会议. 关于减少船舶温室气体排放的初步战略[R]. 2018:4-13.

[92] 张继周. 我国新能源产业发展存在的问题及其对策研究[J]. 福建行政学院学报,2010(6):92-95.

[93] 曹钦,陈通. 我国新能源产业发展对策研究[J]. 山东社会科学,2012(5):122-124.

[94] 狄乾斌,刘欣欣,曹可. 中国海洋经济发展的时空差异及其动态变化研究[J]. 地理科学,2013,33(12):1413-1420.

[95] 程丽. 山东半岛蓝色经济区海洋经济发展现状与战略研究[D]. 中国海洋大学,2014.

[96] 韩增林,王茂军,张军霞. 中国海洋产业发展的地区差异变动及空间集聚分析[J]. 地理研究,2003,22(3):289-296.

[97] 王双. 我国海洋经济的区域特征分析及其发展对策[J]. 经济地理,2012,32(6):80-84.

[98] 张耀光,刘锴,刘桂春,等. 基于定量分析的辽宁区域海洋经济地域系统的时空差异[J]. 资源科学,2011,33(5):863-870.

[99] 姜旭朝,毕毓洵. 中国海洋产业结构变迁浅论[J]. 山东社会科学,2009(4):78-81.

[100] 高乐华,高强,史磊. 中国海洋经济空间格局及产业结构演变[J]. 太平洋学报,2011,19(12):87-95.

[101] 栾维新,杜利楠. 我国海洋经济产业结构的现状及演变趋势[J]. 太平洋学报,2015,23(8):80-89.

[102] 刘思峰,党耀国,方志耕,谢乃明,等. 灰色系统理论及其应用[M]. 北京:科学出版社,2010:33-36.

[103] 刘明,汪迪. 战略性海洋新兴产业发展现状及2030年展望[J]. 当代经济管理,2012(4):21-25.

[104] 丘彬,梁育民,刘伟,等. 携手"蓝海". 北京:人民出版社,2010:179-183.

[105] 陈楷. 中国—东盟地缘经济关系研究[D]. 上海社会科学院,2009.

[106] 王勤. 中国—东盟海洋经济的发展与合作:现状与前景[J]. 东南亚纵横,2016(6):36-38.

[107] Fish to 2050 in the ASEAN Region(2050年东盟渔业展望)[R]. 马来西亚:World Fish,2018.

[108] 李文姣,周昌仕. 中国与东盟海洋渔业合作问题分析[J]. 中国渔业经济,2018(3):20-28.

[109] 刘东民,何帆,张春宇,伍桂,冯维江. 海洋金融发展与中国的海洋经济战略[J]. 国际经济评论,2015(5):43-56-15.

[110] 国家海洋局. 2017年中国海洋经济统计公报[R],2018(3).

[111] 杨子强. 海洋经济发展与陆地金融体系的融合:建立蓝色经济区的核心[J]. 金融发展研究,2010(1):3-6.

[112] 朱振明. 文化地缘政治:全球化时代文化产业的国际政治学分析[J]. 阴山学刊,2010,23(02):9-15.

[113] 赵瑞琦,赵刚. 印度传媒与国家软实力的构建[J]. 对外传媒,2013(9):53-55.

[114] 帕拉格·唐纳. 超级版图:全球供应链、超级城市与新商业文明的崛起[M]. 北京:中信出版社,2016:14.

[115] 刘从德. 地缘政治学导论[M]. 北京:中国人民大学出版社,2010:7.

[116] 张巨岩. 权力的声音——美国的媒体和战争[M]. 北京：三联出版社，
    2005：292.

[117] 黄缅. 文化产业区域性与全球化的悖论及其启示——以西班牙弗拉明戈
    艺术为例[J]. 西南民族大学学报（人文社科版），2016，37(12)：170-173.

[118] 国家海洋局. 2018 中国统计年鉴[M]. 中国统计出版社，2018：834.

[119] 中华人民共和国国家统计局. 中国统计年鉴（2018）[M]. 中国统计出版
    社，2018：353，373.

[120] 王晓慧. 中国经济高质量发展研究[D]. 吉林大学，2019.

[121] 张丽伟. 中国经济高质量发展方略与制度建设[D]. 中央党校，2019.

[122] 王琪，崔野. 将全球治理引入海洋领域——论全球海洋治理的基本问题
    与我国的应对策略[J]. 太平洋学报，2015(6)：20.

[123] 庞中英. 在全球层次治理海洋问题——关于全球海洋治理的理论与实践
    [J]. 社会科学，2018(9)：3-11.

[124] 可持续发展问题世界首脑会议的报告（A/CONF.199/20.）[EB/OL]. 联
    合国网站，2002. https://documents-dds-ny.un.org/doc/UNDOC/GEN/
    N02/636/92/pdf/N0263692.pdf? OpenElement.

[125] 世界渔业和水产养殖状况 2018[EB/OL]. 联合国粮食及农业组织，2018.

[126] 防止倾倒废弃物及其他物质污染海洋的公约（又称 1972 伦敦公约）[EB/
    OL]，1972.

[127] 变革我们的世界：2030 年可持续发展议程（A/RES/70/1)[EB/OL]，联
    合国网站，2015. https://documents-dds-ny.un.org/doc/UNDOC/GEN/
    N15/291/88/pdf/N1529188.pdf.

[128] 刘岩，等. 世界海洋生态环境保护现状与发展趋势研究[M]. 海洋出版
    社，2017：111.

[129] 中俄合作共赢、深化全面战略协作伙伴关系联合声明[EB/OL]. 中国政
    府 网，2013-03-23. http://www. gov. cn/ldhd/2013-03/23/content _
    2360484.htm.

[130] 中俄战略协作伙伴关系[EB/OL]. 中华人民共和国外交部，2000-11-07.
    https://www. fmprc. gov. cn/web/ziliao _ 674904/wjs _ 674919/2159 _
    674923/t89;胡锦涛：开创中俄战略协作伙伴关系发展新局面[EB/OL].
    中华人民共和国中央人民政府，2011-06-17. http://www.gov.cn/ldhd/
    2011-06/17/content_1886227.htm.截至 2018 年，在所有建交和建立伙伴

关系的国家和地区中,仅有中俄关系达到了"全面战略协作伙伴关系"的高度。

[131] 杨洁勉. 新型大国关系:理论、战略和政策建构[J]. 国际问题研究,2013(3):9-19.

[132] 倪世雄,潜旭明. 十八大以来的中国新外交战略思想初析[J]. 人民论坛·学术前沿,2014(6):72-83.

[133] 陈立中,陈静. 十八大以来中俄新型大国关系研究述评[J]. 长沙理工大学学报(社会科学版),2018(3):43-54.

[134] 王志远. "一带一盟":中俄"非对称倒三角"结构下的对接问题分析[J]. 国际经济评论,2016(3):97-113.

[135] 王海运. "结伴而不结盟":中俄关系的现实选择[J]. 俄罗斯东欧中亚研究,2016(5):6-15.

[136] 邢广程. 中俄关系是新型大国关系的典范[J]. 世界经济与政治,2016(9):14-18.

[137] 柳丰华. 中俄战略协作模式:形成、特点与提升[J]. 国际问题研究,2016(3):1-12.

[138] 刘建飞. 构建新型大国关系中的合作主义[J]. 中国社会科学,2015(10):189-202.

[139] 黄真. 中国国际合作理论:目的、途径与价值[J]. 国际论坛,2007(6):42-46.

[140] 刘丹. 中俄新型大国关系构建探析[J]. 俄罗斯学刊,2015(5):32-40.

[141] 王海运. 新形势下的中俄关系[J]. 俄罗斯学刊,2014(5):36-44.

[142] 宋秀琚. 浅析建构主义的国际合作论[J]. 社会主义研究,2005(5):117-119.

[143] 张学昆. 中俄关系的演变与发展[M]. 上海交通大学出版社,2013:207.

[144] 中华人民共和国与俄罗斯联邦关于丝绸之路经济带建设和欧亚经济联盟建设对接合作的联合声明(全文)[EB/OL]. 新华网,2015-05-09. http://www.xinhuanet.com//world/2015-05/09/c_127780866.htm.

[145] 赵隆. 中俄北极可持续发展合作:挑战与路径[J]. 国际问题研究,2018(4):49-67.

[146] 中俄总理第二十次定期会晤联合公报(全文)[EB/OL]. 中华人民共和国外交部,2015-12-18. https://www.fmprc.gov.cn/web/zyxw/t1325537.shtml.

[147] 中俄总理第二十一次定期会晤联合公报（全文）[EB/OL]. 中华人民共和国外交部,2016-11-08. https://www.fmprc.gov.cn/web/ziliao_674904/1179_674909/t1413731.shtml;中俄总理第二十二次定期会晤联合公报（全文）[EB/OL]. 新华网,2017-11-01. http://www.xinhuanet.com//2017-11/01/c_1121891023.htm.

[148] 包括《中俄关于船只从乌苏里江（乌苏里河）经哈巴罗夫斯克城下至黑龙江（阿穆尔河）往返航行的议定书》《关于中国船舶经黑龙江俄罗斯河段从事中国沿海港口和内河港口之间货物运输的议定书》《中华人民共和国东北地区和俄罗斯联邦远东及东西伯利亚地区合作规划纲要》《关于开展黑龙江省内贸货物经俄罗斯港口运至我国东南沿海港口试点工作的公告》等法律文件。

[149] 瑞士获得朝鲜罗津港2号码头租用权[EB/OL]. 韩联社,2011-06-14. https://cn.yna.co.kr/view/ACK20110614000700881.

[150] 李振福,刘硕松. 东北地区对接"冰上丝绸之路"研究[J]. 经济纵横,2018(5):66-67.

[151] 霍小光,李建敏. 习近平和俄罗斯总统普京共同出席中俄地方领导人对话会[EB/OL]. 新华网,2018-09-11. http://www.xinhuanet.com/world/2018-09/11/c_1123415050.htm.

[152] 徐广淼. 将北方海航道纳入"一带一路"建设的前景分析[J]. 边界与海洋研究,2018(2):83-95.

[153] 国家发展改革委 国家海洋局关于印发"一带一路"建设海上合作设想的通知[EB/OL]. 国家发展和改革委员会,2017-06-19. http://www.ndrc.gov.cn/zcfb/zcfbtz/201711/t20171116_867166.html.

[154] 王自堃. 王宏与葡萄牙海洋部部长签署文件建立蓝色伙伴关系[EB/OL]. 中国海洋在线,2017-11-06. http://www.oceanol.com/content/201711/06/c69968.html.

[155] 刘娟娟. 中欧签署《宣言》建立蓝色伙伴关系[EB/OL]. 中国海洋在线,2018-07-20. http://www.oceanol.com/content/201807/20/c79284.html.

[156] 中国的北极政策[EB/OL]. 中华人民共和国中央人民政府,2018-01-26. http://www.gov.cn/xinwen/2018-01/26/content_5260891.htm.

[157] 杨鲁慧,赵一衡. "一带一路"背景下共建"冰上丝绸之路"的战略意义[J]. 理论视野,2018(3):75-80.

[158] 邓洁. 俄罗斯驻华大使:欢迎中方积极参与北方航道的开发和利用[EB/OL]. 人民网,2017-07-05. http://world.people.com.cn/n1/2017/0705/c1002-29383470.html.

[159] 赵鸣文. 中俄关系:在复杂形势下奋力前行[J]. 当代世界,2017(3):27.

[160] 白佳玉. 中国参与北极事务的国际法战略[J]. 政法论坛,2017(6):142-153.

[161] 杨洁勉. 新时代大国关系与周边海洋战略的调整和塑造[J]. 边界与海洋研究,2018(1):14-23.

[162] 徐晓美. 首届中欧蓝色产业合作论坛在深圳开幕[EB/OL]. 中国新闻网,2017-12-08. http://www.chinanews.com/cj/2017/12-08/8395776.shtml.

[163] 国家发展改革委 国家海洋局关于印发"一带一路"建设海上合作设想的通知[EB/OL]. 国家发展和改革委员会,2017-06-19. http://www.ndrc.gov.cn/zcfb/zcfbtz/201711/t20171116_867166.html.

[164] 朱璇,贾宇. 全球海洋治理背景下对蓝色伙伴关系的思考[J]. 太平洋学报,2019(1):50-59.

[165] 携手构建合作共赢新伙伴同心打造人类命运共同体[EB/OL]. 人民网,2015-09-29. http://politics.people.com.cn/n/2015/0929/c1024-27644905.html.

[166] Barbier E, et al. The value of estuarine and coastal ecosystem services [J]. Ecological Monographs, 2011, 81(2):169-193.

[167] Bekkers E, Francois J F and Rojas-Romagosa H. Melting ice caps and the economic impact of opening the Northern Route, CPB Discussion Paper 307, CPB Netherlands Bureau for Economic Policy Analysis[J]. www.cpb.nl/en/publication/meltin g-ice-caps-and-the-economic-impact-of-opening-the-northern-sea-route. (2015)

[168] Cesar H L Burke and Pet-Soede L. The economics of worldwide coral reef degradation [R]. Cesar Environmental Economics Consulting (CEEC), Arnhem, Netherlands, 2003.

[169] Crowder L and Norse E. Essential ecological insights for marine ecosystem-based management and marine spatial planning [M]. Marine Policy, 2008, 32(5):772-778.

[170] De Groot R, Wilson M A and Boumans R M J. A typology for the clas-

sification, description and valuation of ecosystem functions, goods, and services[J]. Ecological Economics, 2002, 41(3):393-408.

[171] De Groot R, et al. Global estimates of the value of ecosystems and their services in monetary units[J]. Ecosystem Services, 2012, 1(1): 50-61.

[172] Douvere F. The importance of marine spatial planning in advancing eco-system-based sea use management[J]. Marine Policy, 2008, 32(5): 762-771.

[173] Douvere F, et al. The role of marine spatial planning in sea use manage-ment: The Belgian case[J]. Marine Policy, 2007, 31(2):182-191.

[174] Ecorys.Blue growth: Scenarios and drivers for sustainable growth from the oceans, seas and coasts[R], Third Interim Report, Rotterdam/Brussels, 13March, available at: http://ec.europa.eu/maritimeaffairs/documentation/studies/documents/blu e_growth_third_interim_report_en.pdf. 2012

[175] Ehler C and Douvere F. Visions for a Sea Change. Report of the First International Workshop on Marine Spatial Planning[C], Intergovern-mental Oceanographic Commission and Man and the Biosphere Pro-gram, UNESCO iOC, Paris. 2007.

[176] FAO, Global Aquaculture Production Database2007 [EB/OL]. www.fao.org/fishery/statistics/g lobal-aquaculture-production/en.2015

[177] German Bioeconomy Council.International bioeconomy strategies [EB/OL]. www.biooekonomierat.de/en. 2015

[178] McVittie A and Hussain S S. The Economics of Ecosystems and Biodi-versity-Valuation Database Manual [J].The Economics of Ecosystems & Biodiversity, December. 2013

[179] Norse E and Crowder L. Marine Conservation Biology: The Science of Maintaining the Sea's Biodiversity [M]. Island Press. 2005

[180] OECD.Oversupply in the shipbuilding industry[EB/OL]. www.oecd.org/sti/ind/shipbuil ding.htm. 2015

[181] OECD. OECD Tourism Trends and Policies 2014, OECD Publishing, Paris [EB/OL]. http://dx.doi.org/10.1787/tour-2014-en. 2014

[182] OECD. The Space Economy at a Glance 2011, OECD Publishing, Paris

[EB/OL]，http://dx.doi.org/10.1787/9789264111790-en.

[183] OECD. The Bioeconomy to 2030：Designing a Policy Agenda，OECD Publishing，Paris [EB/OL]. http://dx. doi. org/10. 1787/9789264056 886-en.

[184] OECD. Infrastructure to 2030 (Vol. 2)：Mapping for Electricity，Water and Transport，OECD Publishing，Paris [EB/OL]. http://dx.doi.org/ 10.1787/9789264031326-en.

[185] OECD and FAO. OECD-FAO Agricultural Outlook 2015，OECD Publishing，Paris [EB/OL]. http://dx.doi.org/10.1787/agr_outlook-2015-en.

[186] OECD STAN. OECD STAN Database for Structural Analysis [EB/OL]. http://stats.oecd.org/Index. aspx? DatasetCode=STAN08BIS&lang=en.

[187] Park K S. A study on rebuilding the classification system of the ocean economy[J]. Center for the Blue Economy in Monterey Institute of International.2014

[188] Studies，Monterey，California [EB/OL]. available at：http://center-fortheblueeconomy. org/wp- content/uploads/2014/11/10. 29. 14. park_. kwangseo. the_ocean_economy_classification _systemfinal_21.pdf.

[189] Polasky S and Segerson K. Integrating ecology and economics in the study of ecosystem services：Some lessons learned [J]. Annual Review Resource Economics，Vol. 1，pp. 409-434，http://dx.doi.org/10.1146/ annurev.resource.050708.144110.2009

[190] Russi D，et al. The Economics of Ecosystems and Biodiversity for Water and Wetlands，IEEP，London and Brussels，Ramsar Secretariat，Gland [EB/OL]. available at：http://doc. teebweb. org/wp- content/ uploads/2013/04/TEEB_WaterWetlands_Report_2013.pdf.

[191] SEA. 2014 Market Forecast Report，SEA Europe，Ships & Maritime Equipment Association [EB/OL]，available at：www. seaeurope. eu/ template.asp? f=publications.asp&jaar=2015.

[192] TEEB. The Economics of Ecosystems and Biodiversity in National and International Policy Making [M]，edited by Patrick ten Brink，Earth-scan，London and Washington. 2011

[193] UNIDO INDSTAT, INDSTAT 4, ISIC Rev. 3 Database [EB/OL], https://stat.unido.org.

[194] UNSD. National Accounts Official Country Data[EB/OL], http://data.un.org.

[195] Vermeulen S and Korziell I. Integrating global and local values: A review of biodiversity assessment, IIED Natural Resource Issues Paper No. 3, Biodiversity and Livelihoods Issues Paper No.5, International Institute for Environment and Development, London[EB/OL], available at: http://pubs.iied.org/pdfs/9100IIED.pdf.2002.

[196] World Bank. Fish to 2030: Prospects for fisheries and aquaculture, Agriculture and Environmental Services Discussion Paper 03, World Bank, Washington, DC[C], available at: http://documents.worldbank.org/curated/en/2013/12/18882045/fish-2030-prospects-fisheries-aquaculture. 2013

[197] Spencer Dale. BP Statistical Review of World Energy 2016[R].2017.

[198] Wietschel M,Seydel P. Economic impacts of hydrogen as an energy carrier in European countries[J]. International Journal of Hydrogen Energy,2007,32(15) : 3201-3211.

[199] Caspary G. Gauging the future competitiveness of renewable energy in Colombia[J]. Energy Economics,2009, 31(3) : 443-449.

[200] Dögl C,Holtbrügge D. Competitive advantage of German renewable energy firms in Russia-An empirical study based on Porter's diamond[J]. Journal for East European Management Studies,2010,15(1):34-58.

[201] France's G E,Mari'n-Quemada J M,Gonza'lez E S M. RES and risk: Renewable energy's contribution to energy security. A portfolio-based approach [J]. Renewable and Sustainable Energy Reviews,2013,26: 549-559.

[202] Kiyoshi Kojima.Direct Foreign Investment:Japanese Model of Multinational Business Operations[M].London: Croon Helm, 1978, 89-91.

[203] Linda Fung-Yee Ng, Chyau Tuan. Evolving Outward Investment, Industrial Concentration and Technology Change: Implications for Post-1997 Hong Kong[J]. Journal of Asian Economics, 1997, 8(2):315-332.

[204] Advincula R.Foreign Direct Investments, Competitiveness, and Industrial Upgrading : The Case of the Republic of Korea [M].KDL, 2000.

[205] Barrios S, Gorg H, Strob E.Foreign Direct Investment, Competition and Industrial Development in the Host Country[J] .European Economic Review, 2005(49):1761-1784.

[206] Blomstrim M, Konan D, Lipsey R.FDI in the Restructuring of the Japanese Economy[R]. NBER Working Paper 7693, 2000.

[207] Hance D S. The industrialization of the world ocean[J]. Ocean and Coastal Management,2000.

[208] Song D W. Port Competition in concept and practice[J]. Maritime Policy and Management,2003.

[209] Lippmann W. Public Opinion. Free Press Paperbacks[M]. Simon & Schuster, 1997:126-202.

[210] Department of State[M]. Bulletin, 1979:14(13):13.

[211] Schiller, H9001. Communication and cultural domination[M]. White Plains, New York: Pantheon Books, 1976:37-38.

[212] UNEP. Global Environmental Outlook 5-Environment for The Future We Want[R]. New York: UNEP, 2012.

[213] United Nations. The First Global Integrated Marine Assessment, Part 1 Summary[R]. New York:United Nations, 2016

[214] Jenna R.Jambeck et al. Plastic Waste Inputs from Land into the Ocean. Science, 2016,347(6223):768-771.

[215] Erik V.Sebille et al. A Global Inventory of Small Floating Plastic Debris. Environmental Research Letter, 2015,10(12):1-11.

[216] Intergovernmental Panel on Climate Change (IPCC). Climate Change 2013: The Physical Science Basis[M]. Cambridge University Press, 2014:294, 528.

[217] Clive Wilkinson et al. Tropical and Sub-Tropical Coral Reefs. The First Global Integrated Marine Assessment[R]. United Nations, 2016(43):6.

[218] Erik Cordes et al. Cold-Water Corals. The First Global Integrated Marine Assessment[R]. United Nations, 2016(42):7.

[219] Clive Wilkinson and David Souter., Status of Caribbean Coral Reefs af-

ter Bleaching and Hurricanes in 2005[R]. Global Coral Reef Monitoring Network and Reef and Rainforest Research Centre, 2008, p.148.

[220] Edward L. Miles. The Concept of Ocean Governance: Evoluti on toward the 21 Century and the Principle of Sustainable Ocean Use[J]. Coastal Management, 1999,27(1):1-30.

[221] European Commission. Consultation on International Ocean Governance [EB/OL]. https://ec. europa. eu/info/sites/info/files/consultationocean-governance-consultation-document_en.pdf.

[222] Awni Behnam. An Introduction to the Imperatives of Governance and Policy Formulations in Managing Human Relationship with Ocean and Seas.International Ocean Institute (course given during2018 IOI Training Programme on Regional Ocean Governance) .

[223] European Commission and High Representative of the Union for Foreign Affairs and Security Policy. International Ocean Governance: an Agenda for the Future of Our Oceans (10.11.2016 Join (2016) 49 final) [R]. EUROPA, 2016.

[224] Visbeck, Martin,Kronfeld-Goharani, Ulrike,Neumann, Barbara,Rickels, Wilfried et.al. A Sustainable Development Goal for the Ocean and Coasts:Global Ocean Challenges Benefit from Regional Initiatives Supporting Globally Coordinated Solutions[J]. Marine Policy, 2014,49:87-89.

[225] Multi-stakeholder Partnerships and Voluntary Commitments. Sustainable Development Goals Knowledge Platform[EB/OL]. https://sustainabledevelopment.un.org/sdinaction.

[226] Chua Thia-Eng, Chou Loke Ming ed. Local Contributions to Global Agenda: Cases Studies in Integrated Coastal Management[M]. PEMSEA, 2017.

[227] Philippe Sands, Jacqueline Peel, Adriana Fabra and Ruth MacK enzie, Principles of International Environmental Law[M]. Cambridge University Press, 2012:86.

[228] "Холодный Шелковый путь: Китай придет с деньгами на Север", 7 декабря 2015 года[EB/OL]. https://rueconomics. ru/133243-holodniy-shelkovyiy-put-kitay-pridet-s-dengami-na-sever.

[229] Брифинг официального представителя МИД России М. В. Захаровой, Москва, 9 ноября 2017 года, 9 ноября 2017 года[R]. http://www.mid. ru/ru/brifingi/-/asset_publisher/MCZ7HQuMdqBY/content/id/2943560.

[230] Christine R.Guluzian. Making Inroads:China's New Silk Road Initiative [J]. Cato Journal, 2017,37(1):135-147.

[231] Утвержден новый состав Госкомиссии по Арктике. 12 декабря 2018[R]. http://www. arctic-info. ru/news/politika/Utverzhden_novyy_sostav_ Goskomissii_po_Arktike_/.

[232] Анатолий Комраков. Китай перехватывает у России морские ресурсы. 7 сентября 2017 года[R]. http://www. ng. ru/economics/2017-09-07/4_ 7068_beijing.html.

后　记

　　书稿完成，搁笔遐思，未来要走的路更长更远，比这几十万字的反复求索更复杂、更艰难。从 2007 年至今，我在中国海洋大学断断续续度过 14 载寒暑，目睹黄海之滨的青岛日渐繁华，经历中国海洋大学的发展变迁，感受海洋经济的蓬勃发展和祖国海疆的安定澎湃。这一切，将渺小力薄的自我认知与汹涌豪迈的国家荣誉感和民族自豪感相碰撞，时常感慨时不我待。

　　在大航海时代，"海洋兴则兴，海洋强则强"为英国、荷兰、西班牙等国带来了全世界的财富；现如今，"向海而生"，再次让人类的智慧和目光聚焦到海洋，强大起来的中国这一次站在了向深蓝迈进的前沿。但这些都不足以让我辈骄傲自满，人类对海洋的探索也只是刚刚开始罢了。我们的祖国，我们的海洋发展需要更多的博学之士奋而忘我投身其中。

　　我和丈夫都毕业于中国海洋大学，都在海洋经济与海洋产业中默默探索，经年累月。我们对这里广阔的海域和土地充满信心，也对未来的海洋经济发展与探索充满希望。衷心的希望更多的朋友投身到中国的海洋经济建设中来，来到这片广阔无垠的蓝色田野，来到青岛这座日新月异的黄海滨城。

　　我要向我的父母、师长表达最深刻的感谢和敬意。感谢恩师——中国海洋大学的权锡鉴教授、韩立民教授对于我的倾囊相授，寒来暑往，年年岁岁，我的每一个进步都镌刻着他们的无私奉献与谆谆教诲。

　　还要感谢我的丈夫王斌博士在本书写作期间给予的莫大支持和帮助。生活的琐碎与真理的探索于时光中交织，在每一杯放在深夜台灯下的清茶中融化，在幼子牙牙学语和奔跑跳跃中累积。我们彼此感谢，彼此扶持，以后的岁月也请执手相携，并肩不负。

臧一哲

2021 年 1 月